LES MERVEILLES

DU

BON DIEU

PAR

Mᴸᴸᴱ V. BARBIER

Ouvrage orné de trente-huit gravures

PARIS

E. PLON ET Cⁱᵉ, IMPRIMEURS-ÉDITEURS

10, RUE GARANCIÈRE

—

1877

Tous droits réservés

LES MERVEILLES

DU

BON DIEU

L'auteur et les éditeurs déclarent réserver leurs droits de reproduction à l'étranger.

Cet ouvrage a été déposé au ministère de l'intérieur (section de la librairie), en juillet 1877.

LES MERVEILLES

DU

BON DIEU

PAR

Mlle V. BARBIER

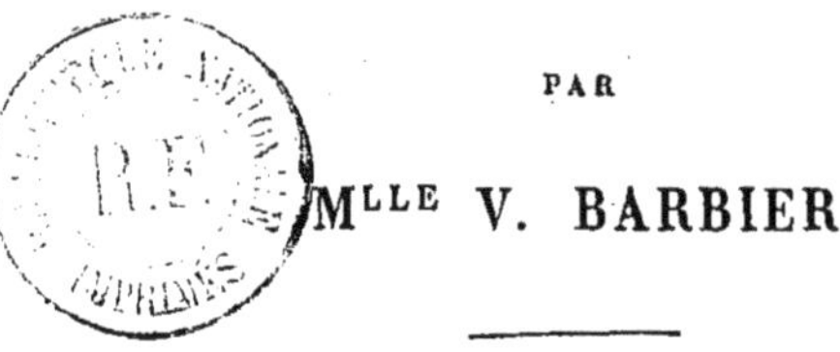

Ouvrage orné de trente-huit gravures

PARIS

E. PLON ET Cie, IMPRIMEURS-ÉDITEURS

10, RUE GARANCIÈRE

1877

A MES NEVEU ET NIÈCE

> Nul n'a versé sur moi les fruits de la sagesse;
> Moi-même j'amassai ma tardive richesse.
> Si peu que j'ai, du moins, j'en veux faire largesse.
>
> Un Poëte.

MES CHERS ENFANTS,

Je vous ai raconté autrefois, fort en abrégé, il est vrai, la vieille histoire de nos premiers parents. Je vous ai aussi expliqué vos prières [1].

J'espère que ces petites causeries du temps passé vous ont suffisamment appris ce qu'on doit savoir de l'Écriture sainte, à l'âge que vous aviez, et que vous n'avez pas cessé d'avoir Dieu devant vous.

Mais vous avez désiré que je continuasse ces causeries... soit! Aussi bien, je ne saurais mieux faire que de m'occuper de vous, de vous instruire encore,

[1] Ce fut mon premier livre : *les Récits de la Grand'Tante.*

quoique à mon âge l'esprit ait un peu perdu de sa vigueur.

Et de quoi donc vous parlerai-je? De tout ce qui est bon, de tout ce qui est beau, de toutes les œuvres admirables de la création ; je n'aurai pas de peine à trouver mes sujets : ils sont là, sous la main, devant les yeux, dans l'esprit.

Ce sont les merveilles de Dieu. C'est d'elles que je vais vous entretenir ; non pas à la manière des savants, mais à la manière de tout le monde. Je tâcherai pourtant que ces simples études, faites à mon loisir, et que vous lirez à votre aise, vous préparent à des travaux plus sérieux ; ce que j'ambitionne surtout, c'est d'éveiller votre goût et votre intelligence sur les beautés de la nature, parce qu'à son tour votre intelligence développera ces sentiments si purs et si doux qui nous élèvent à notre Créateur.

Et dans cette douce espérance, mes chers enfants, je vous embrasse et je prends la plume.

LES ÉLÉMENTS

LA TERRE — L'AIR — LE FEU — L'EAU

LA TERRE

Les abeilles pillotent çà et là les
fleurs; mais après elles font le miel,
qui est tout leur; il n'est plus ni thym,
ni marjolaine.

MONTAIGNE.

Mes chers enfants, nous allons donc commencer
aujourd'hui nos causeries sur les merveilles du bon
Dieu. Puisque nous sommes sur la terre, nous
commencerons par nous occuper d'elle.

Je me souviens encore du bonheur extrême qu'un
jour j'éprouvai, lorsque, jeune fille, il me fut possible, avec mes économies, d'acheter un bout de
terrain. Je vous assure que ce fut avec un plaisir
indicible que je pris possession d'un champ et de
quelques arbres qui s'y trouvaient. Savoir que je
marchais sur ma terre, que je pouvais en disposer
comme il me plairait, que nul n'avait le droit d'y
toucher... Non, je ne peux pas vous peindre la
joie et la fierté que je ressentis d'être propriétaire
d'un coin du globe : bien certainement, ce jour-là,
je ne pesais pas une once.

Cela dit, allons nous asseoir sur cette bonne terre que j'aime tant. Certainement, à la voir en elle-même d'une couleur si sombre, si terne, si commune, on ne se douterait pas de sa vertu. Cependant, observez les semences qu'elle a reçues : elles vivent, grandissent et se développent presque sous vos yeux. Voyez-les venir à feuilles, à fleurs, à fruits. Dites, n'est-ce pas vraiment charmant?

Essayez de mettre vos graines ailleurs, dans un tas de cendre ou de poussière, exposez-les au soleil, arrosez-les souvent, mettez-y même du fumier, vous aurez beau faire, rien ne viendra. C'est la terre seule, aidée sans doute de chaleur et d'humidité, qui a la bonté de faire pousser ce qu'on lui confie. Aussi l'appelle-t-on notre mère nourrice, et elle est bien nommée.

Il est vrai de dire que, si on ne lui apporte rien, elle se croise un peu les bras; mais non comme une paresseuse : au contraire, je suis sûre qu'à ne rien faire elle prendrait de l'ennui.

On sait que cette brave terre aime à travailler; et la preuve, c'est que, dès qu'on lui donne de la besogne, elle se met vite et gaiement à l'ouvrage. Aussi, Dieu, qui l'aime et la ménage, lui a donné l'hiver pour se reposer; l'été est si fatigant!

Je ne dis pas qu'elle n'ait quelquefois bien froid sous son manteau de neige; mais la coquette sait bien qu'elle est jolie sous cette blanche draperie; ce qu'il y a de sûr, c'est qu'elle ne s'en porte que mieux.

Il y a bien, par-ci par-là, quelques racines endommagées qui se plaignent, quelques bourgeons arrêtés dans leur séve, quelques insectes plus ou moins estropiés : encore a-t-elle la bonté de leur ouvrir ses caves, car ces pauvres petites bêtes, pour se garantir d'un froid trop rude, ont l'idée de s'enfoncer dans son sein le plus profondément possible.

Quant aux jeunes plantes qui souffrent, aux fleurs, à la vigne, qui se paralysent, c'est à nous d'en avoir soin, c'est à nous d'être prévoyants. La terre ne peut pas penser à tout; elle ne peut pas leur mettre une couverture sur la tête.

Oui, mes enfants, je dis que Dieu a bien fait toutes choses; car de lui seul et de nul autre viennent la vie et l'accroissement.

Voyez :

A peine, à la sortie de l'automne, les feuilles sont-elles tombées, que le laboureur prend sa charrue et vous secoue rudement la terre, de ci, de là, afin de la bien rafraîchir en lui donnant de l'air;

puis, pour détruire les herbes inutiles, il la sarcle ;
vient le semeur; celui-là, tout le long des sillons
ouverts par la charrue, éparpille également le grain
en le jetant à toute volée. La herse vient ensuite,
qui recouvre d'un peu de terre tout ce qui a été
semé. Ceci fait, le laboureur rentre tranquillement
chez lui, son travail est fini; il n'a plus qu'à réparer
ses outils, soigner son cheval et attendre.

C'est la terre maintenant qui va s'emparer de
cette petite semence comme d'un enfant; qui va la
nourrir de sa substance, implorer quelquefois un
peu de pluie pour la désaltérer.

Bientôt le grain se gonfle, sort de terre, lève sa
petite tête verte pour voir ce qui se passe au-dessus
de lui. Mais, de par la loi de Dieu, il faut que cette
herbe grandisse lentement pendant l'hiver, afin
d'être robuste au printemps ; à la fin de cette saison, vous verrez apparaître toutes ces jolies chambres où vont se loger les épis que le chaud soleil
de juillet mûrira en les colorant de ce beau jaune
doré que vous connaissez.

La moisson arrive, le blé, lourd de grains, est
coupé au ras de sa tige; on le bat pour le séparer
de sa paille; puis il est porté au moulin, d'où il sortira à l'état de farine. Enfin, cette farine, par les

soins du boulanger, ne tardera pas à devenir du bon pain et de la galette.

Si tout ceci n'est pas merveilleux, qu'est-ce donc que le merveilleux?

Passons à un autre ordre d'idées.

Vous souvenez-vous, mes bons petits amis, de nos charmantes excursions au Tréport, de nos délicieuses causeries au bord de la mer? C'est là, en considérant un navire quittant le port, que nous eûmes un jour la preuve irrécusable que la terre est ronde.

Fuyant à l'horizon, ce navire diminuait nécessairement de grandeur, comme tout objet qui s'éloigne de l'œil; mais il y avait mieux que cela : le suivant dans son éloignement, nous vîmes sa coque s'enfoncer, ses voiles s'abaisser, ses mâts descendre.

Bientôt le navire entier avait disparu.

Ainsi, une mouche marchant sur une orange disparaît peu à peu, à mesure qu'elle descend du côté opposé à celui où nous l'observons.

C'est d'abord le bout de ses pattes qui se cache, puis une partie de son corps, puis ses ailes; enfin l'orange finit par la masquer tout entière.

Et cependant la mouche continue son chemin.

Et le navire navigue toujours.

Ce fut d'abord grâce à Galilée, qui vivait il y a plus de deux cents ans, que nous sûmes précisément à quoi nous en tenir sur la forme de la terre.

Donc, la terre est bien ronde, quoique un peu aplatie à ses deux extrémités, et elle tourne assez rapidement, ce qui ne manque pas de charme, puisque, sans bouger de notre place, nous assistons à tous les mouvements, apparents ou réels, que font le soleil, la lune et les étoiles.

N'est-ce pas un perpétuel changement de décoration?

Savez-vous ce qui fait croire souvent que la terre est plate? C'est qu'elle est si grande, que nous courons dessus comme nous le ferions sur une table immense.

D'un autre côté, sa marche est si rapide, si insensible, que nous n'avons pas la conscience du mouvement qui nous emporte.

Nous nous couchons paisiblement, et, le lendemain matin, nous retrouvons si bien tous nos effets à la place où nous les avons laissés la veille, qu'il n'y a pas moyen de croire que nous avons bougé.

N'est-ce pas ce qui arrive, lorsque, dans un bateau, au milieu des bagages qui sont à nos côtés, nous voyons passer les maisons et les arbres?

N'ont-ils pas vraiment l'air de marcher et de s'é-- loigner de nous, tandis que c'est véritablement nous qui passons devant eux?

Vous savez que cette charmante terre fait sur elle-même une pirouette en vingt-quatre heures; c'est-à-dire qu'elle fait neuf mille lieues par jour.

Cette pirouette s'appelle : *Mouvement de rotation*.

Mais ce mouvement de rotation n'empêche pas la terre d'accomplir en une année sa fameuse course autour du soleil.

Cette course se nomme : *Révolution*.

Figurez-vous maintenant que cette orange, dont je vous parlais tout à l'heure, fasse, tout en roulant sur elle-même, le tour de ma chambre, que je suppose ovale.

La mouche, qui ne l'aura pas quittée, verra donc successivement tous les tableaux qui décorent mes murailles; de même, en avançant dans sa course, la terre voit chaque jour défiler devant elle de nouveaux astres.

Tous les jours, il est vrai, nous voyons le même soleil; car chaque jour nous avançons dans ce cercle allongé qu'on nomme *Écliptique*, et que la terre mettra un an à parcourir.

Je vous assure qu'on a besoin de toute sa raison pour rectifier à tout moment les illusions de ses yeux !

Il est bon que des calculs certains et que l'expérience des faits nous tiennent par la main pour nous conduire à travers ces dédales de merveilles.

J'avoue que, semblable à une provinciale qui visiterait la terre pour la première fois, je reste, partout et toujours, ébahie de sa magnificence.

Comment en serait-il autrement?

Cette terre porte dans son sein des feux épouvantables et à ses extrémités des glaces éternelles.

Mais, ce qu'il faut le plus admirer, c'est que sur elle rien ne périt. Tout change, tout se transforme, et tout reste à peu près en place.

Elle travaille, néanmoins, elle produit toujours, mais ne s'épuise jamais.

On dirait, selon l'expression d'un philosophe, que la mort s'y promène en y donnant la vie.

Quoique je ne veuille pas, mes chers enfants, vous casser la tête avec des chiffres, ne seriez-vous pas curieux d'apprendre que, de la terre au soleil,

il y a environ trois cents millions de lieues, et que
cette pauvre terre fait, en marchant autour de lui,
près de six lieues par minute? Qu'en dites-vous?

J'espère que si elle mettait des bottes, comme
l'ogre du *Petit Poucet,* elles seraient d'une bonne
dimension!

Ces chiffres sont déjà assez jolis; mais, s'il te
prenait fantaisie, ma chère Jeanne, de faire le tour
de la terre, sache bien que tu aurais neuf mille
lieues à parcourir; et si, comme une petite fée, tu
voulais la traverser de part en part, il te faudrait,
pour accomplir ce voyage en un mois, faire cent
lieues de poste par jour.

Je ne puis pas, mes enfants, passer sous silence
la superbe opération qu'on a faite sur notre globe.

Des géographes l'ont divisé en quarante millions
de parties, dont chacune équivaut à un mètre.

Or, vous savez ce que c'est qu'un mètre, et avec
quel avantage il a remplacé la mesure de l'aune
dont se servaient nos parents.

Outre cette grande division, on a encore partagé
la terre en beaucoup de lignes, de haut en bas et
de droite à gauche.

Celle qui la traverse de la tête aux pieds, en pas-

sant par son centre, se nomme *axe*, et, aux deux
extrémités de cet axe, sont les *pôles*, qui sont aussi
froids l'un que l'autre. Vous pensez bien que ces
lignes sont imaginaires; mais il était nécessaire de
les supposer pour se rendre compte de tout.

Une autre grande ligne, encore figurée, entoure,

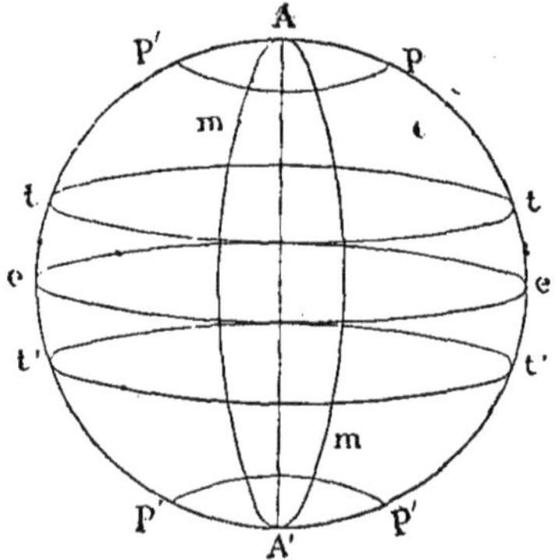

Cercles et zones de la sphère terrestre.
AA′, axe; A, pôle arctique; A′, pôle antarctique; *e*, équateur;
ee, tropiques; *tt′*, zones tempérées; P P′, zones polaires;
m, méridien.

embrasse la terre dans sa plus grande partie,
comme ferait une ceinture.

C'est l'*équateur*, et l'équateur est divisé en trois
cent soixante degrés.

Les deux régions proches des pôles sont appelées
zones glaciales, où je ne conseille à personne de
demeurer.

Celles qui se trouvent près de l'équateur sont appelées *zones torrides*, parce qu'en effet on doit y avoir cruellement chaud.

Enfin, entre ces régions extrêmes, nous avons les *zones tempérées,* où se trouve notre belle France, et, dans cette belle France, notre cher Paris, d'où je vous écris ces lignes.

De plus, pour établir des calculs certains, on a encore divisé le degré en 60 minutes, la minute en 60 secondes, etc...

Maintenant, arrivons aux grands déplacements de la terre. Vous allez voir que cela ne manque pas d'intérêt.

Le premier, comme je vous l'ai dit, s'appelle *rotation,* et s'accomplit pendant un jour et une nuit.

Cette durée de temps s'appelle le *mouvement diurne.*

Avez-vous besoin de savoir que lorsque la terre, dans sa pirouette, commence à découvrir le soleil, c'est l'heure où nous devrions sauter en bas de notre lit;

Et que, dès qu'elle se met à pirouetter en arrière

du soleil, c'est l'instant où, d'ordinaire, on **allume** les bougies?

L'autre mouvement, celui de la *révolution*, c'est-à-dire de sa *translation* dans l'espace, va nous montrer le chemin que suit la terre tout à l'entour du soleil.

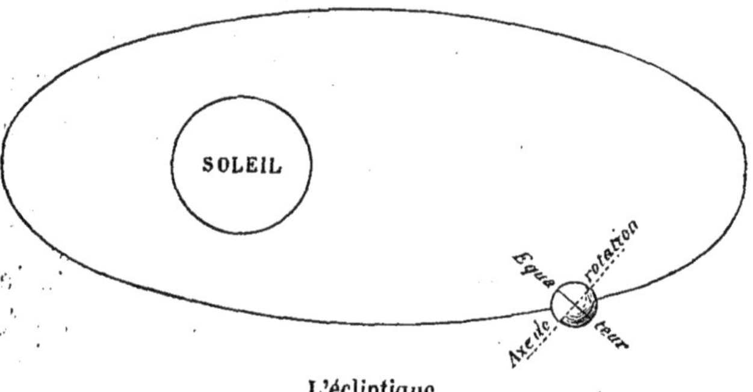

L'écliptique.

Ce chemin incliné se nomme l'*écliptique*, comme je vous l'ai dit.

Ta toupie, mon cher Pierre, si tu la lances sur un terrain uni, t'expliquera assez bien ces deux mouvements qui s'opèrent en même temps. Seulement, ta toupie court capricieusement, tandis que notre globe, toujours grave, marche d'un pas égal sur sa route, qui, si elle était dessinée, représenterait suffisamment la forme ovale d'un œuf un peu penché.

Le soleil dans l'espace.

Vous ai-je appris qu'un cercle allongé se nomme *ellipse ?*

Revenons à cette grande et superbe promenade de la terre, pendant laquelle le soleil, comme un grand seigneur, la regarde faire, sans dire un mot de tout ce qu'il pense.

Suivons-la, cette chère terre, et partons du printemps, c'est-à-dire du 20 *mars,* de ce moment où tout reverdit dans la nature.

A cette époque, comme à celle du 21 *septembre,* qu'on nomme les *équinoxes,* la terre est placée de façon que ses habitants ont les jours et les nuits d'égale durée.

Arrivée à ce 20 *mars,* la terre s'incline doucement devant le soleil comme pour le saluer.

Nous qui vivons dans la zone tempérée, nous commençons à avoir chaud et nous jouissons déjà d'avoir les jours aussi longs que les nuits.

L'été s'approche ; nous voici au 21 *juin.* Cette époque, comme celle du 21 *décembre,* s'appelle *solstice.*

La terre chemine. Le soleil va planer sur nous.

Ne nous plaignons pas trop de la chaleur. Elle est parfois si bonne ! puis les jours sont si longs ! Le soleil restant plus longtemps à nos côtés, on peut

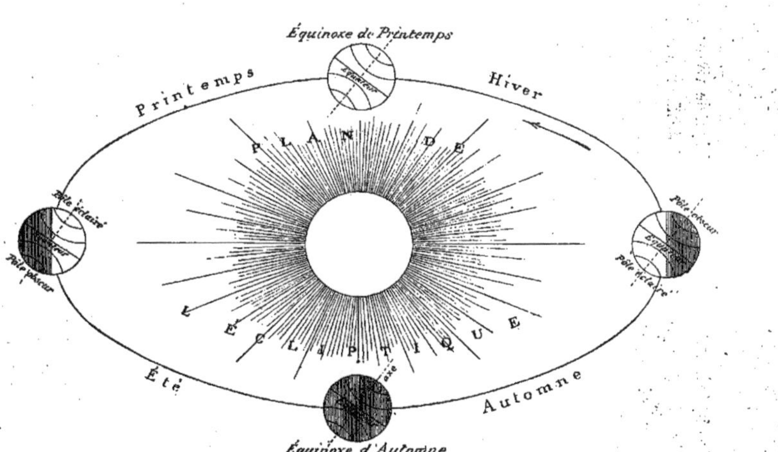

Les phases de la terre autour du soleil.

s'occuper à tant de choses! et il fait si bon de vivre à la campagne près d'un jardin chargé de fleurs et de fruits!

Trois mois se passent; la terre, continuant sa marche, se retrouve de l'autre côté de son chemin, juste en face du printemps. Nous sommes en automne, au 20 *septembre*.

C'est alors, mes enfants, que la nature est splendide.

Puis la terre, achevant sa course et s'inclinant encore, mais dans le sens opposé, montre au soleil d'autres zones que les nôtres.

Nous sommes au 21 *décembre*. Voici l'hiver. Ah! dame! c'est l'heure de mettre des bûches au feu et d'endosser de chauds vêtements. Le soleil est plus rare, mais il nous réchauffe encore.

Vous voyez que nul des habitants de la terre, qu'il soit du nord ou du midi, n'est absolument privé de soleil.

Quant à l'extrémité même des pôles, à leur sommet, ma foi! ils ont des glaces tellement infranchissables, que nul savant, nul explorateur n'a pu encore pénétrer jusque-là.

Mais ne désespérons de rien! On en approche. On saura peut-être bientôt ce qui s'y passe.

Ce dont nous ne doutons pas, c'est que le *pôle nord*, effleuré par le soleil pendant six mois de l'année, rentre dans l'ombre au moment où le pôle sud à son tour se retrouve en lumière pour n'y rester que six mois comme son frère.

Cependant, ne déplorons que fort peu ces longues nuits, elles ne sont pas complétement obscures; le soleil est si bon, qu'à la dérobée, il leur envoie encore des rayons dont les lueurs ressemblent fort à notre crépuscule.

C'est égal! rester six mois de l'année sans voir le soleil, le beau soleil! c'est bien dur! Mais quoi! l'habitude est une seconde nature, et, d'ailleurs, Dieu n'a-t-il pas doté ces régions glaciales de productions convenables à la nourriture et aux besoins de ceux qui y vivent? Quant à l'ennui, ils ne le connaissent pas.

Pendant l'été, ces travailleurs infatigables amassent les provisions de l'hiver, et, lorsque l'hiver est venu, leurs plaisirs consistent à chanter et à danser joyeusement à la lueur des torches.

Oui, mes enfants, tout est prévu, tout s'arrange pour le mieux sous la divine main du bon Dieu.

Si par exemple, dans l'été, au 21 juin, nous avons de belles journées, une grande chaleur, n'oublions

pas qu'à ce moment-là ceux qui vivent dans la
Nouvelle-Calédonie grelottent, frissonnent et battent
la semelle. Puis quand l'hiver est venu pour nous,
quand le jour nous quitte de bonne heure, quand
nous soufflons dans nos doigts, c'est alors que nos
voisins des antipodes se réjouissent de l'été et de sa
magnificence, c'est alors qu'ils se disent : Ces pauvres habitants de Paris, comme ils doivent avoir
froid à l'heure qu'il est !

Une remarque à faire et qui vous étonnera, c'est
que nous sommes en vérité plus près du soleil l'hiver
que l'été.

La chaleur et le froid ne dépendent donc pas de
notre éloignement, mais de la façon plus ou moins
directe dont nous recevons les rayons du soleil.

Un exemple vous le fera comprendre.

Essayez de mettre votre joli petit doigt le long de
la flamme d'une bougie. Vous pourrez l'approcher
sans trop de crainte. Le feu ne vous atteindra que
modérément.

Mais risquez-le précisément au-dessus de cette
flamme, et vous verrez !

Il faudra nécessairement l'élever beaucoup pour
n'être pas brûlé. Vous aurez très-chaud encore,

quoique vous vous soyez éloigné de la bougie.

Ainsi en est-il de la terre. Du côté que nous habitons, elle fait précisément devant notre bel astre ce que fait votre petit doigt devant la bougie allumée.

Pendant l'été, les rayons du soleil tombent, j'en conviens, au-dessus de la tête ; mais, rappelez-vous que ces rayons sont très-éloignés d'elle.

L'hiver, notre terre s'approche du roi des cieux ; mais nos climats se présentent à lui. d'une manière oblique, ce qui est bien différent.

Pourquoi cette courbe ovale? cette écliptique inclinée? direz-vous; quelle complication!

Eh! mes enfants, sans cette ellipse et sans cette inclinaison, telles que Dieu les a créées, nous n'aurions pas de saisons.

Et sans les saisons, nous n'aurions pas de fleurs au printemps, de cerises en été, de raisin en automne, de belle neige en hiver.

Tout cela n'est-il pas bon? tout cela n'est-il pas très-agréable?

Mais voyez donc comme Dieu a calculé juste quand il a créé un globe tout de feu!

Il l'a fait un million de fois plus gros que la

terre, il l'a placé à une distance convenable afin que le soleil n'eût plus qu'à écarter doucement ses rayons pour ne pas nous blesser la vue, et il en a éparpillé si également la chaleur que tout le monde en profite, sans la moindre crainte d'être ébloui de sa lumière ou consumé par sa flamme.

L'épreuve est faite. Je ne sais ce que peut présager l'avenir. Mais tant de siècles ont déjà passé sur la terre, que je vous conseille de ne rien redouter.

Et puis, sans cette chaleur bien répartie, sans cette lumière, aurions-nous tour à tour la rosée, la pluie, le brouillard, sans lesquels le spectacle de la nature serait d'une monotonie désespérante, et sans lesquels surtout nous ne pourrions pas vivre ?

Ne vous plaignez donc jamais de quelques intempéries, des fâcheuses giboulées du printemps, des dégels déplaisants de l'hiver, des chaleurs excessives de l'été.

Tout cela est nécessaire et prévu. Ce qu'il faut :

> Il faut le temps ainsi prendre qu'il vient.
> Tout dit que pas ne dure la fortune ;
> Un temps se part et puis l'autre revient.

Il faut le temps ainsi prendre qu'il vient.
Je me conforte en ce qu'il me souvient
Que tous les mois avons nouvelle lune.
Il faut le temps ainsi prendre qu'il vient.

CHARLES D'ORLÉANS.

L'AIR

Voilà, mes bons amis, une délicieuse journée. Nous en profiterons pour parler de l'air. Que de bonnes choses nous en dirons!

D'abord, vous n'ignorez pas que l'air existe, que c'est bien lui qui entre dans vos poumons quand vous respirez.

Vous le connaissez donc, quoique vous ne l'ayez jamais vu, pas même du bout de l'œil; mais, quoique ce soit une des plus grandes forces que nous ayons, consolez-vous. Il y a bien d'autres choses que vous ne verrez jamais.

Que penseriez-vous encore si je vous apprenais que cet air est si subtil, si malin, qu'il pénètre exactement partout sans qu'on s'en doute ?

On le trouve dans son lit, sous ses vêtements. On l'avale en buvant, car il remplit votre verre, qu'il soit plein ou vide; il se mêle à votre bonne tartelette. Il est même impossible de mettre la main à la poche sans l'y rencontrer.

Et cet air invisible, savez-vous qu'il est composé de plusieurs éléments distincts qui s'appellent gaz?

Le premier en tête est le *gaz oxygène*.

C'est le principe actif de l'air. Aussi, comme il est fier de la place qu'il occupe! Dame! s'il disparaissait de la terre, adieu la vie!

L'avez-vous vu quelquefois sortir d'un caillou en prenant feu? l'avez-vous deviné lorsque, combiné avec le carbone, il s'approche d'une feuille de papier?

Crac! la voilà qui s'enflamme et devient cendre.

Le deuxième gaz est l'*acide carbonique*. Ce nom-là dérive du mot *carbone* qui veut dire *charbon*. Et savez-vous ce que c'est que le charbon à l'état absolument pur et cristallisé?

Je vous le donne en cent... Je vous le donne en mille... C'est du diamant.

Soyez donc bien fiers, après cette découverte, d'en voir briller un à votre doigt. Vous aurez beau le faire jouer au soleil, vous aurez beau admirer ses feux, vous n'aurez jamais qu'un superbe morceau de charbon.

Ce carbone, mes enfants, quoiqu'il ait du bon et du très-bon, puisqu'on le rencontre dans le chou que nous mangeons, dans le pain, le lait, le vin, dans le bois, dans la graisse, dans l'huile, etc., je vous conseille néanmoins de vous en méfier un peu.

Vous rappelez-vous ce gâteau de riz tout brûlé que votre cuisinière nous apporta l'autre jour? Il en était noir.

Eh bien, c'était le carbone qu'un feu trop vif avait fait sortir de sa cachette.

Et le noir de fumée qui se forme au-dessus d'une flamme! qu'est-ce, sinon du carbone? C'est lui qui produit ce noir de fumée et noircit votre gâteau de riz.

Que fait-il encore, ce carbone, quand, en parcourant nos organes, il est accueilli par le sang? Il y fait du feu. Quoi! du feu? Oui vraiment, du vrai et du meilleur; car la chaleur que nous portons en nous n'est pas autre chose.

Puis, lorsque tout le charbon que le feu a produit est amassé, il prend le nom d'*acide carbonique*, et c'est cet acide carbonique que, Dieu merci, nous jetons à la porte de nos poumons, chaque fois que nous expirons l'air qui y est contenu.

Mais, par un échange qui tient du prodige, cet air détestable que nous rendons à l'air convient parfaitement aux fleurs, aux arbres, aux plantes, qui, sans lui, ne sauraient vivre. Aussi, en récompense, la nuit, ils nous exhalent à leur tour un gaz excellent, plein de vie, c'est-à-dire rempli d'*oxygène*, qu'ils puisent aussi dans l'atmosphère.

Ne vous avisez donc pas de rester longtemps dans un lieu fermé : l'acide carbonique vous aurait bientôt empoisonné, si vous n'aviez la précaution de renouveler souvent l'air extérieur.

Un troisième gaz avec lequel il est utile de faire connaissance est l'*hydrogène*. Oh! pour celui-là, il est étrange.

Figurez-vous que lorsqu'il se marie avec l'*oxygène*, ce qui arrive assez souvent, il produit de l'eau. Vous en seriez-vous jamais doutés ?

Mais ce n'est pas tout ce qu'il sait faire.

C'est lui qui, mêlé au *carbone*, nous donne ce gaz d'éclairage dont nous faisons maintenant un usage journalier.

Tant que l'allumeur n'est pas venu, ce *carbone* et cet *hydrogène* consentent à se croiser les bras. Mais à peine la petite mèche allumée vient-elle caresser le bec du réverbère ou celui de la lampe, qu'à ce contact et à celui de l'oxygène répandu dans

l'air, ils prennent feu subitement, non sans **quelque**
fracas. La flamme vient comme d'elle-même se
poser sur ce bec.

Le quatrième personnage assez important de cette
société qui forme l'air est l'*azote*.

Rappelez-vous ce nom et le caractère de ce nouveau venu ; car, quoiqu'il ait pour compagnons des
gaz d'un naturel plus ou moins doux et dont il ne
saurait toutefois se passer, il est presque toujours
taciturne et méchant.

Cela est si vrai que seul, livré à lui-même, il
donne la mort, tandis qu'accompagné de ses frères,
il donne la vie ; et de plus il occupe une très-
grande place dans les aliments nourrissants que
nous prenons.

Si ses camarades vagabondent plus ou moins
dans la création, l'azote entre plus particulièrement dans le règne végétal, qui devient, grâce à lui,
un véritable laboratoire où se préparent les repas
des animaux.

Quand donc nous dégustons une côtelette, c'est
en définitive le suc de l'herbe que le mouton a man-
gée qui nous nourrit.

Et sans l'azote, point d'herbe ; sans herbe,

point de mouton ; sans mouton, point de côtelettes.

Voilà, mes enfants, l'histoire de l'air.

Tâchez pourtant de ne pas vous embrouiller avec tous ces noms assez difficiles à retenir. Souvenez-vous que :

1° L'*oxygène* est un gaz (c'est-à-dire un corps analogue à l'air par sa transparence et sa compressibilité) qui est l'agent indispensable de la respiration animale et de la combustion.

2° L'*acide carbonique* est un gaz répandu dans toute la nature.

3° L'*hydrogène* est un gaz inflammable dont le véritable domaine est l'eau ; mais, mêlé avec l'*oxygène* et le *carbone*, il produit le gaz d'éclairage. C'est le plus léger de tous les gaz ; il ne pèse presque rien.

4° L'*azote* est un gaz ou fluide élastique qui compose la plus grande partie de l'air.

A présent que vous connaissez l'air et que vous savez de quoi il est composé, ne lui serez-vous pas reconnaissants de tout le bien qu'il vous fait ?

N'êtes-vous pas heureux de pouvoir l'aspirer à pleine poitrine ? L'été, ne sentez-vous pas qu'il vous caresse, qu'il vous enveloppe comme d'un doux manteau et semble porter la terre où nous vivons de la même façon qu'une mère porte son enfant bien-aimé?

Je me souviens qu'étant toute petite fille j'essayais parfois follement de m'élever au-dessus du sol. Oh! je n'y restais pas longtemps, je vous assure.

Mais, toujours dans mes rêves, je me sentais enlevée de la même manière que le vent enlève une feuille... Je franchissais ainsi des espaces considérables.

Ces rêves-là, voyez-vous, me donnaient du bonheur pour toute la journée.

Plus tard, je voulus savoir comment les poissons s'y prenaient pour nager si bien, et j'appris à fendre l'eau.

Ce qui, en réalité, est très-amusant.

Hélas! là se borna mon pouvoir sur les éléments. J'avoue à ma confusion que je n'ai jamais pu apprendre à voler. Et ce fut grand dommage, car j'en avais une furieuse envie.

Que de fois ai-je désiré suivre un oiseau dans son vol!

Mais je n'ai pas fini l'histoire de l'air, car il a en-

core bien d'autres avantages dont on ne s'aperçoit
guère, tant nous sommes indifférents aux merveilles de Dieu.

L'air est-il froid? par exemple, avez-vous l'on-
glée? vite votre chaude haleine ramène le sang dans
vos doigts engourdis.

Votre soupe est-elle trop chaude? en un clin
d'œil vous la refroidissez en soufflant dessus.

La chaleur est-elle accablante? un coup d'éventail aura bientôt agité et rafraîchi l'air.

Avez-vous égaré votre soufflet? la poitrine en
tiendra lieu en chassant vigoureusement l'air de vos
poumons.

Tout cela n'est-il pas très-merveilleux? Et quand,
ébranlé par la cloche, l'air nous annonce qu'il est
temps de prier, qu'il est temps de déjeuner ou de
dîner !

Quand il apporte à nos oreilles les douces paroles
d'une mère ou d'un ami, dites, n'êtes-vous pas
contents ?

Sans l'air, croyez-vous que le parfum d'un lis
ou d'une violette viendrait de lui-même flatter votre
odorat ?

Bouchez-vous les oreilles, bouchez-vous le nez,
vous éviterez, il est vrai, les chants désagréables

et les mauvaises odeurs ; mais le mieux n'est-il pas d'ouvrir vos sens, au risque parfois d'en souffrir?

D'ailleurs ce n'est jamais l'air qui est coupable ; il ne porte et ne transporte que ce qu'on lui confie. Ce n'est pas lui, pur en lui-même, qu'il faut accuser quand, à son insu, il est chargé d'un bruit fâcheux, d'ordures invisibles ou de milliers d'insectes qui peuvent nous donner la peste.

Ce n'est pas tout. L'air est si complaisant, si docile, que les savants s'en sont emparés comme on s'empare d'un mouchoir de poche. Ils l'ont pesé, composé, décomposé à leur façon. Ils savent quand il est pur, quand il ne l'est pas ; ils peuvent affirmer s'il est chargé de miasmes, de feu, d'électricité, etc.

Avez-vous jamais joué avec des bulles de savon ? N'avez-vous pas été séduits par leur légèreté et les mille couleurs dont elles sont habillées, couleurs qui ne proviennent, vous le savez, que de la décomposition des rayons blancs du soleil lorsqu'ils jouent sur un globule d'eau ou sur du cristal ?

Ces globules sont formés d'une pellicule, ou petite partie d'eau savonneuse. L'air, qui est toujours un peu agité, les fait danser en tous sens, au lieu de les laisser s'envoler en ligne droite ; puis, quand elles

crèvent, c'est la marque que l'eau qu'elles conte-
naient est tout évaporée, et si elles ne montent
pas plus haut, quoique plus légères que des plumes,

Le ballon.

c'est le signe que l'air qu'elles portent dans leur
sein diminue insensiblement de chaleur.

Cela s'explique. L'air dont nous les remplissons
est le nôtre ; par conséquent, il est plus chaud que

celui qu'elles trouvent autour d'elles quand elles quittent leur tube de paille.

Or, vous savez que plus l'air est chaud, et plus il prend de place, puisque toutes les petites parties dont il est composé, et qu'on appelle des *molécules*, se gonflent, si l'on peut dire, s'étendent, ou, en d'autres termes, se *dilatent*.

Essayez de mettre de l'air froid dans vos bulles de savon, nécessairement cet air y prendra moins de place, et vos globules resteront par terre.

Il en est ainsi des ballons : ils s'appuient sur l'air, parce que le gaz qu'ils contiennent est plus léger que celui qui les soutient.

Que ne peut-on avec eux monter jusqu'à la lune! direz-vous.

Ah! si au-dessus de notre atmosphère n'existait pas un véritable océan d'air excessivement raréfié appelé *éther*, dans lequel les mondes s'agitent, et où il nous serait impossible de respirer, je ne doute pas que nous ne pussions y parvenir.

Encore aurions-nous à redouter le froid intense et des problèmes d'attraction à résoudre.

L'affaire se complique.

Quant à l'air respirable, s'il n'a par lui-même ni

odeur, ni saveur, il pèse lourd sur nos corps, 30,000 livres environ; qu'en pensez-vous? Et pourtant nous empêche-t-il de sauter et de danser?

Il faut dire aussi qu'il est non-seulement sur la tête, mais en nous, autour de nous; il nous soutient de droite et de gauche avec tant de soin, que, de fait, nous ne tombons jamais par sa faute.

Ah! si la pression de l'air se dérangeait, nous verrions beau jeu!

De deux choses l'une : ou nous serions mis en pièces, ou nous serions lancés dans le vide.

Et qu'est-ce que le vide? Un espace sans fond.

Tout ceci vous prouve, mes enfants, que si nous sommes parfois les maîtres des éléments, ils pourraient, si Dieu n'y mettait ordre, devenir facilement les nôtres et se moquer de nos témérités.

Soyons donc sages, bornons nos désirs, et jouissons sainement de tout ce que Dieu a mis devant nous, sans rien ambitionner au delà.

L'ATMOSPHÈRE

Mes chers enfants, on appelle atmosphère cette immense couche d'air qui enveloppe la sphère terrestre jusqu'à une hauteur de quinze lieues environ, et qui ne s'en sépare pas un seul instant.

Elle est composée de *gaz* et de *molécules* qui s'attirent, s'éloignent, se pressent et se modifient selon qu'ils s'approchent du sol et selon la chaleur ou le froid.

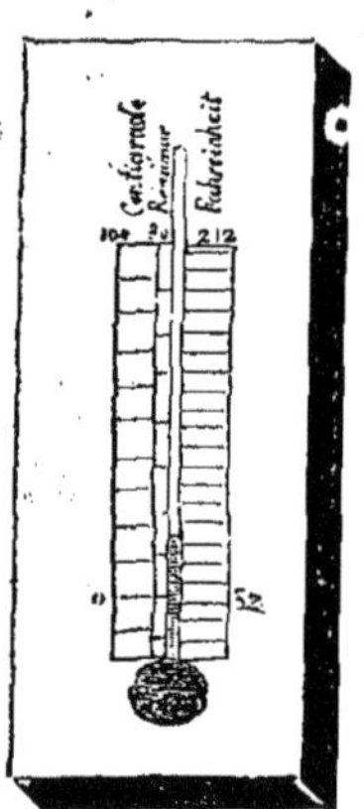

Thermomètre.

Nous devons à *Pascal,* notre immortel Pascal, l'idée ingénieuse du *thermomètre,* ce petit instrument qui, grâce à un métal liquide qu'il contient dans un tube de verre, marque les degrés de la température.

Ce liquide, qui se nomme *vif-argent* ou *mercure,* a la propriété de se dilater, c'est-à-dire de se gonfler, quand il fait chaud, et de se

resserrer, de diminuer de volume, quand il fait froid.
Dans le premier cas, il monte dans le tube; dans le second, il descend.

C'est lui que nous consultons chaque fois que nous voulons savoir de combien de degrés nous étouffons en été, ou de combien d'autres nous gelons en hiver.

Ce qui est toujours une satisfaction.

Après le thermomètre, nous avons le *baromètre,* où le mercure joue encore un rôle pour indiquer, non plus la chaleur ou le froid, mais l'état de l'atmosphère.

Son défaut est de ne pas prédire assez longtemps d'avance.

Trop souvent il annonce la pluie quand elle commence à tomber, ou qu'elle est sur le point de cesser.

D'autres fois, il est au beau fixe, alors que le beau temps est au moment de disparaître.

J'avoue que, lasse de porter inutilement mon parapluie ou mon ombrelle, j'ai perdu pour lui toute considération.

On peut bien dire de l'atmosphère qu'elle est le réceptacle immense où s'accumulent les résidus de toutes sortes assez légers pour flotter dans l'air, depuis le *pollen,* ou la poussière des fleurs, jusqu'aux germes d'infection épidémique; car, si les impuretés que l'eau contient finissent par tomber au fond des fleuves et des mers, il en est de même des impuretés de l'atmosphère qui demeurent dans les basses régions, où, attachés que nous sommes à la terre, nous respirons un air plus ou moins vicié.

Que de petits ennemis, en effet, pénètrent dans notre sang, se glissent dans nos organes, pendant que nous rions, que nous dormons, que nous nous promenons paisiblement!

L'atmosphère n'est point complétement transparente; il fallait qu'il en fût ainsi pour décomposer la lumière blanche du soleil, et nous la rendre de cette belle couleur bleue qui remplit l'espace et qui est due surtout aux parties humides de l'air.

Avez-vous remarqué que, près de notre œil, la terre est plus ou moins brune, tandis qu'en s'éloignant les plans prennent une teinte vaporeuse ?

Y a-t-il des collines à l'horizon ? elles seront bleuâtres, bleues même tout à fait, s'il y a beaucoup d'atmosphère entre elles et nous. Les brouillards, les brumes mêmes, ajoutent encore de la variété à ces aspects.

Oui, certainement, sans cette merveilleuse décomposition de la lumière dans un air humide, qui charme tant nos yeux, nous aurions toujours le même spectacle.

Et cette couleur verte, que Dieu a répandue avec profusion sur les plantes, les herbes, est-elle assez douce à la vue !

Que deviendrions-nous, mon Dieu ! si notre œil était condamné à voir la végétation rouge, blanche ou jaune ! si le ciel était éternellement brun !

N'est-ce pas l'atmosphère qui nous donne la jeune Aurore aux doigts de rose, comme disaient nos vieux poëtes ?

N'est-ce pas à elle encore que nous devons le crépuscule, cette heure charmante qui fait succéder sans secousse les ténèbres à la lumière ?

On sait que sans l'atmosphère qui la garantit, cette pauvre terre serait furieusement chaude l'été ! Et qu'elle serait froide l'hiver !

On sait aussi que la terre dégage plus de chaleur que l'air; et cependant c'est près du sol que le froid des premières nuits du printemps est surtout à redouter.

C'est tout simplement que les brouillards un peu froids, qui s'amassent dans les vallées, contribuent fort au refroidissement de la végétation.

Songez donc! La terre, au printemps, n'est point chaude encore; quand le ciel est trop pur, les petites gelées glacent les jeunes pousses et les attaquent à la tête.

Mais la calomnie, qui se glisse partout, a bientôt fait d'accuser méchamment la pauvre lune d'avril, qui n'y peut rien, et de l'appeler de l'indigne nom de *lune rousse.*

Non, mes enfants, cette lune, dont on dit tant de mal, ne fait pas plus de mal que les autres, et elle n'est pas rousse du tout.

LE VENT

Le vent, mes bons amis, n'est pas autre chose que de l'air mis en mouvement, et ce mouvement est dû aux déplacements successifs de ce même air, qui n'ont lieu que lorsqu'il se refroidit.

Cela ne paraît pas dans notre chambre, où il fait souvent froid sans qu'il y ait du vent. Nos murailles nous garantissent ; mais, dans les hautes régions de l'atmosphère, le vent arrive quelquefois de bien loin, tout resserré, tout contracté, absolument comme nous quand nous grelottons. Il se condense, c'est-à-dire diminue de volume, et va cherchant partout de quoi se réchauffer.

J'ai déjà eu l'honneur de vous dire, en parlant de la terre, qu'il faisait très-froid aux pôles et très-chaud à l'équateur.

L'air, qui ne fait pas autre chose que de voyager, court des pôles à l'équateur et de l'équateur aux pôles.

Pendant ces traversées, il s'établit des courants,

des contre-courants, des flux, des reflux, des **tourbillons**, des trombes et tout ce qui s'ensuit.

Si le vent marche seul, il ne va déjà pas **trop**
mal; mais, s'il est poussé par un voisin, vous pensez qu'il fait alors l'effet que ressent Jeanne lorsque,
en train de courir, elle est poursuivie et pressée par
son frère.

L'air est si mobile d'ailleurs, qu'un rien suffit
pour le faire changer de place; de même, quand il
ne veut pas s'arrêter, rien ne lui résiste.

Nos grandes bises, si terribles, naissent de courants aériens établis entre la température élevée de
la Méditerranée et celle des Alpes neigeuses; puis,
pour peu que le Nord s'en mêle, vous sentirez ce
qu'il porte dans ses flancs quand il déracine un
chêne,

> Celui de qui la tête au ciel était voisine,
> Et dont les pieds touchaient à l'empire des morts.

Le grand vent, dans les vallées du Midi, s'appelle le mistral. Dieu vous en garde, mes enfants,
car il est bien mauvais! Dieu vous garde aussi de
ces ouragans épouvantables où les hommes et les
chevaux restent sur le pavé!

Je reviens à vous dire qu'il y a des vents froids

qui courent des pôles à l'équateur, et des vents chauds qui galopent de l'équateur aux pôles. C'est un va-et-vient perpétuel, non-seulement dans les couches élevées de l'atmosphère, mais souvent dans les couches inférieures et parfois dans les deux tout ensemble.

Les vents d'ouest, qui nous viennent de la mer, sont quelquefois moins redoutables, mais plus humides que ceux de l'est, parce que ceux-ci, ne traversant guère que des continents, sont généralement secs et désagréables.

Quant aux vents alisés, qui soufflent entre les zones tempérées, ils proviennent, dit-on, de la rotation de la terre, qui secoue passablement les couches d'air qui l'entourent.

As-tu observé, Pierre, ta toupie quand elle est lancée? Comme elle secoue la poussière du chemin! Voilà l'effet de la rotation.

Ce qui est à remarquer, c'est la force du vent; c'est sa voix puissante, qui m'a toujours impressionnée; c'est sa fureur quand, ne sachant où se prendre, il s'attaque à tout, court comme s'il était en délire, du haut en bas, de gauche à droite, partout devant lui.

Nous, du moins, nous ne l'entendons guère gémir que dans la cheminée, ou par l'issue des portes et des fenêtres mal closes.

Quand nous sortons, un peu bousculés par lui, nous ne risquons guère que de nous sentir coiffés d'une tuile, ou de voir notre chapeau rouler dans la Seine, ce qui est toujours d'un effet assez pittoresque.

Mais les navires en pleine mer! Mais les pauvres marins! Ah! ce sont ceux-là qu'il faut plaindre, quand le vent est en furie! C'est sur eux, mes enfants, qu'il ne faut pas cesser de prier.

LE FEU

Ah! mes enfants, c'est pour le coup que nous allons aborder en tremblant ce terrible et nouvel élément!

Le feu!

Le feu! ce composé de gaz *oxygène,* de *carbone* et d'*hydrogène.*

Le feu, qui cause de si grands ravages, quand il est alimenté par l'air ou des matières inflammables!

Convenons cependant que, lorsqu'il est sagement gouverné, il fait grand bien.

Sans lui, qu'est-ce donc qui nous éclairerait, qui nous chaufferait?

Sans lui, quelle est la personne, si habile qu'elle fût, qui se chargerait de faire cuire notre potage?

Sans doute, on peut manger de la viande crue, quelques légumes sortant du sein de la terre, des œufs tels que la poule les donne, etc.; nos anciens anachorètes n'y mettaient pas plus de façon.

Tout cela est bel et bon, mais j'avoue que, de-vant ces aliments, je ferais une bien piteuse gri-mace.

Je ne connais pas encore très-bien le caractère du feu. La vue d'une flamme brillante et insaisis-sable à l'œil m'étonne toujours. Cependant, obser-vons-le, et sachons d'abord que la chaleur se trans-forme en mouvement et le mouvement en chaleur. *Ceci, il ne faut pas l'oublier.*

Observons encore que lorsque envers lui on manque d'égards ou d'attentions, quand on se donne les airs de le traiter sans considération, il vous le fait payer très-cher.

Soit qu'il se glisse à la sourdine pour mieux ca-cher sa marche, soit qu'il s'emporte ou se fâche sérieusement, c'est alors qu'il devient notre ennemi le plus dangereux.

Or, vous l'avez vu souvent allant, venant, brû-lant tout ce qui se trouve sur son passage, que ce soit une paille ou le grand Opéra.

La taille ici ne fait rien à l'affaire.

Son cruel plaisir, qui ne se satisfait que dans la destruction, paraît pourtant plus vif quand il s'at-taque à forte partie.

A ce moment-là, je trouve qu'il ressemble à

l'homme ivre de colère, qui assouvit d'autant mieux sa passion qu'il rencontre plus de résistance.

Aussi la rapidité de sa marche, la soudaineté de sa force et de sa puissance sont vraiment des choses effroyables ; aussi je comprends que l'esprit de nos anciens en fût frappé et que les païens l'adorassent.

Je ne sais pas si je vous l'ai déjà dit, mais tous les corps soumis à une température élevée deviennent rouges et même blancs quand la chaleur est extrême.

Pour l'observer, voyez la pointe de votre soufflet au moment où il active vivement le coin d'un brasier. Que ce soit une matière ou une autre, cette matière deviendra blanche.

Eh bien ! cette lumière blanche, c'est le *carbone pur*, et, s'il n'est pas noir, il le doit à la très-haute température à laquelle il est soumis.

Maintenant, mettez sur ce brasier ardent une petite quantité d'eau ; elle sera bientôt décomposée par l'excès de la chaleur.

Mais l'*hydrogène* que l'eau contient redeviendra libre et s'enflammera prestement de nouveau en reprenant à l'air son action.

Avez-vous aussi souvent remarqué comment une

étincelle tombée sur du papier ou sur un linge
s'étale doucement sans avoir l'air de songer à mal,
et devient, quand elle s'élève en immenses flammes,
capable de dévorer des forêts entières et des villes
superbes ?

Mais savez-vous bien pourquoi le papier, le linge,
brûlent si facilement ?

C'est qu'ils sont composés non-seulement de
charbon, mais encore d'*hydrogène,* ce gaz d'une
légèreté incroyable.

Et comment de tels incendies ont-ils commencé
bien souvent ? Quand ce n'est pas par méchanceté,
c'est par imprudence. C'est par une allumette jetée
à l'étourdie.

Mais à propos, savez-vous de quelle façon est
construite une allumette ?

On prend une petite bûchette sèche ; l'une de ses
extrémités est trempée dans du soufre fondu auquel
est ajouté un peu de phosphore.

Afin de conserver ces deux matières, le tout est
recouvert d'un peu de gomme, et vous avez en
main de quoi ruiner des cités entières.

Voulez-vous apprendre à présent comment on
obtient le gaz d'éclairage ? Voici :

Quand on a rempli de charbon de terre un grand

et long tuyau, on le ferme au moyen d'une forte vis.

Puis, ce tuyau est placé dans un four, où un feu très-vif l'environne de toutes parts jusqu'à le rougir.

Peu à peu le gaz s'échappe de son tuyau et en enfile un autre plein d'eau de chaux.

Là, notre gaz se dépouille de son odeur sulfureuse et bitumineuse.

C'est alors qu'il est relancé de nouveau dans les conduits qui parcourent les rues et les maisons.

Mais de l'union des gaz il ne sort pas toujours des flammes aussi réjouissantes; il en peut naître la rouille.

C'est le fruit de l'oxygène et de l'humidité.

Le feu, comme l'air et l'eau, est donc, vous le voyez, répandu dans toute la nature, et la preuve, c'est que deux cailloux, ou même deux morceaux de bois très-secs, quand ils sont vivement heurtés, le font jaillir subitement, comme Polichinelle chez Guignol.

Le feu sortir d'une pierre froide! Comprenez-vous cela?

Je me souviens qu'autrefois nous n'allumions nos flambeaux qu'à l'aide d'une petite pierre sur laquelle on plaçait un morceau d'amadou.

Muni d'une mince pièce d'acier, on frappait le

caillou d'où jaillissait l'étincelle qui, tombant sur l'amadou, s'y reposait un moment, s'étalait et permettait, à l'aide d'une simple allumette soufrée, d'obtenir une flamme.

Aussi, dans ce temps-là, grâce à Dieu! les enfants ne se brûlaient pas si aisément en jouant avec les allumettes, comme ils le font tous les jours. Pauvres petits! combien y en a-t-il qui ont laissé leur vie à ce triste jeu!

Le feu s'obtient encore lorsqu'en amassant des herbes fraîchement fauchées, on les amoncelle en tas sans les avoir préalablement éparpillées sur la terre par un beau soleil, afin de les bien sécher.

J'ai failli un jour être la victime de l'imprudence de mon jardinier qui, ne prenant pas souci de la chose, avait oublié de visiter du foin dont il avait rempli le grenier.

Ce foin encore trop vert engendra une chaude humidité qui, combinée, comme toujours, avec l'oxygène, ne tarda pas à devenir un foyer d'incendie.

Il s'en fallut de bien peu que toute la maison n'y passât, et moi par-dessus le marché.

Vous voyez qu'il y a presque toujours de notre faute dans les accidents qui arrivent; vous voyez qu'il faut les prévoir et traiter avec respect et prudence des éléments qui, s'ils contribuent si puissamment à la vie, peuvent si aisément la détruire.

Une autre preuve que le feu existe partout, c'est que plus on descend dans la terre, dans les mines surtout, plus la chaleur se fait sentir.

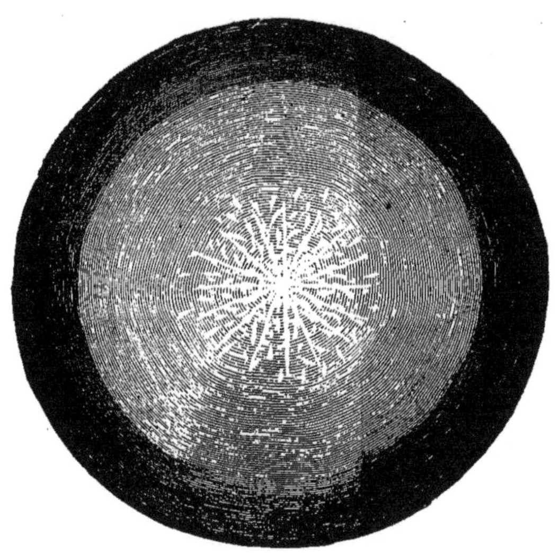

Écorce terrestre et feu central.

Il faut donc qu'il y ait du feu au centre de la terre ! Et d'où donc viendraient les volcans? Mais ce qu'il y a d'extraordinaire, c'est que c'est le contraire qui arrive quand nous nous élevons dans les airs.

Le feu cherche le feu, cela est bien certain, comme en général les semblables s'attirent.

Une nature affectueuse et tendre cherche l'amitié.

Une flamme, quelle que soit la légèreté de l'air, s'inclinera toujours vers un lieu plus échauffé que le sien.

N'est-ce pas un beau sujet de réflexions que de pressentir que le mouvement de la matière est dû à cette alternative incessante du chaud et du froid, du froid et de la chaleur ?

Disons encore, pour achever cette causerie, que le feu, qui détruit et vivifie tout sur la terre, joue encore dans l'air un rôle important.

C'est là qu'il fait beau le voir se développer sous le nom de fluide électrique.

Puisque vous êtes déjà familiarisés avec l'oxygène, vous ne serez pas étonnés d'apprendre que c'est lui, quand il est heurté violemment dans l'air, qui produit l'éclair, cette étincelle électrique qui allume les orages, secoue les nuages et tout ce qui s'ensuit.

C'est lui qui jette son éclair, et sillonne la nue.

Avez-vous remarqué parfois ces gros nuages qui parcourent le ciel comme des insensés, qui se querellent comme des butors, et dont le choc fait naître le feu au ciel comme les cailloux le font naître sur la terre?

Vous ne pouvez pas disconvenir, malgré les maux que produit la foudre, que le spectacle et le bruit d'un orage ne produisent un effet grandiose.

Hélas! il n'y a que les voyageurs et les marins qui ne soient pas toujours de cet avis-là.

Quant à nous, soyons prudents.

Si nous sommes dehors pendant que l'orage gronde, ne nous mettons pas à l'abri d'un arbre, ne nous réfugions pas sous un clocher; les hauts sommets, comme les courants d'air, attirent la foudre.

Concluons que le feu existe même dans cet air si innocent en apparence, dans cet air que vous respirez si insoucieusement.

Du feu! oui, mes enfants, du feu, et du bon, car c'est lui qui, entré dans le corps, donne son impulsion à la vie.

Il est vrai que quand il est trop actif, il vous donne parfois la fièvre.

Tâchons d'en éviter les dangers, mais reconnaissons qu'il nous est bien nécessaire.

N'est-ce pas le feu qui consuma sur la terre (il y a bien longtemps de cela) cette quantité considérable de plantes, de fougères, qui se sont transformées en charbon de terre, si utile aujourd'hui ?

Quand le bois ou le charbon nous chauffe, disait un Indien, il ne fait que nous rendre ce que Dieu lui a donné.

Et l'Indien avait raison.

L'EAU

Nous voici, mes chers enfants, arrivés à l'histoire de ce joli petit ruisseau qui coule au bas de notre jardin, et dont, assis sur ses bords, nous avons si souvent écouté le bruit des cascatelles tombant de distance en distance.

Que de fois avons-nous cueilli près de lui ces rubans d'eau, ces flambes, ces joncs !

Que de fois, les jours de fête, sommes-nous venus chercher du lierre pour parer nos chambres, et des prêles, des fers de lance, des saxifrages, toutes plantes qui se plaisent dans les lieux humides et y forment un fouillis adorable !

L'eau, vous avez dû vous en apercevoir, se tient couchée tout de son long. C'est sa manière, comme c'est la nôtre, quand nous nous étendons dans notre lit.

On appelle cette position *horizontale*.

J'avoue pour mon compte que j'aime cette posi-
tion-là.

C'est à ma honte que je le dis, mais enfin j'en
ai un peu le droit, m'étant tenue depuis de si
longues années sur la *verticale,* c'est-à-dire debout.

Je dis donc que l'eau est gentille quand elle court
doucement, qu'elle est mystérieuse quand elle est
dormante, qu'elle est utile, agréable et bienfai-
sante dans tous les emplois qu'on en fait.

Évidemment l'eau, comme les autres éléments,
a une vie et une force que nous ne pouvons pas
contester et que nous ne devons pas même braver.
Rencontre-t-elle en son chemin une barrière, quelques cailloux, la voilà qui regimbe et nous fait entendre ses petites impatiences.

Heurte-t-elle un roc, tombe-t-elle sur des masses
rocheuses, de nouveau elle éclate, se disperse, en
dégringolant, et donne le spectacle d'une cascade
écumeuse.

Est-ce un fleuve qu'elle rencontre au-dessous
d'elle, la décoration change, une belle chute se
présente. C'est magnifique!

Mais une mer en furie, soulevant de hautes marées! Ah! c'est alors que l'eau fait un sublime
tapage.

C'est là que vous entendrez sa voix puissante.

Je vous rappellerai encore une fois, mes enfants, ces jolies excursions au Tréport, où nous allions tout joyeux passer nos vacances.

C'était le bon temps! Point de casino. Rien que des pêcheurs et des pêcheuses en bonnet de coton.

Étions-nous assez ravis de voir la mer!

Voir la mer! t'écriais-tu, ma Jeannette! Ce *Voir-la-mer*, dont tu ne faisais qu'un seul mot, tu le répétais sans cesse.

Oui, nous étions bien heureux de nous asseoir sur le sable, de chercher des coquillages, assez rares sur cette plage; d'assister au départ et à l'arrivée des barques, de jouir de la vue de l'immensité, de contempler à loisir ce mouvement du flux et du reflux; de ces flots qui venaient nous saluer en écumant, et reprenaient tumultueusement leur course!

Vous souvenez-vous que ce mouvement commençait par un grondement sourd et particulier?

Les eaux ne montaient pas d'un mouvement continu et uniforme.

On devinait qu'une force supérieure les élevait?

Bientôt, une suite d'oscillations répétées formait un étrange va-et-vient.

Les vagues battaient le sol, puis s'éloignaient des bords.

Les galets amassés sur le rivage étaient incessamment déplacés et, se frottant, semblaient rouler du bruit.

La mer entière était soulevée !

Ne vous souvenez-vous pas encore de ces terribles marées dont les pêcheurs gardent le souvenir?

C'est aux équinoxes du printemps et de l'automne qu'il faut les voir.

C'est sur les côtes de la Bretagne, à Saint-Malo, à Bristol en Angleterre que la marée monte quelquefois jusqu'à cinquante pieds au-dessus du sol! Vous savez que ce qui cause ces grandes marées est l'action du soleil combinée avec celle de la lune. Tous deux agissent ensemble sur les eaux.

En général, les montagnes liquides passent six heures à monter, et se reposent un moment.

C'est la pleine mer.

Arrivée à ce point d'élévation, elle met à descendre le même temps qu'à monter, et se repose de même.

C'est le *flux* et le *reflux*.

L'intervalle qui sépare les marées est d'environ douze heures. Tout cela n'annonce-t-il pas une vie?

Oui, la fureur des eaux, celle du feu, des vents, me semblent toujours l'expression d'une souffrance. ou d'une colère.

Et pourquoi ne se révolteraient-ils pas quand la nature ou les hommes les dérangent et troublent leurs habitudes?

Mais c'est dans le règne végétal surtout que la vie se fait encore mieux sentir.

Qui ne voit à regret tomber des arbres vivants ?

Il est manifeste que lorsqu'on tranche la tête à un arbre, il doit se trouver mal payé de ses bienfaits,

Lui qui nous donne
Et de l'ombre au printemps et du fruit en automne.
Que ne l'émondait-on, sans prendre la cognée!

La Fontaine avait bien raison.

Quoiqu'ils ne vous disent rien, croyez-vous, par exemple, que ces pauvres arbres mutilés des jardins de Versailles n'aient pas envie d'adresser quelques grosses sottises à tous ces pédants de jardiniers qui les rognent, qui les coupent sans pitié?

Revenons à notre eau si belle, si engageante à boire quand elle est pure.

Qu'elle se promène, qu'elle se montre un peu agitée, ne nous invite-t-elle pas à nous y baigner ?

Et quand elle sautille devant le soleil, ne la prendrait-on pas pour une poussière de diamants ?

Sans compter que les petits poissons ou les insectes qui vont, viennent, se débattent, se cherchent, se fuient, animent continuellement les eaux
un peu dormantes. Le moyen de s'ennuyer près
d'elles !

J'avoue que ce qui m'étonne le plus dans cet élément, ce sont ses continuelles transformations.

C'est de voir, par un certain degré de chaleur,
l'eau s'élever en vapeurs diaphanes, et, montant vers
le ciel, devenir bientôt ces nuages magnifiques qui
charment tant nos yeux.

Ne dirait-on pas aussi que Dieu les a imaginés
pour nous servir d'écran devant un soleil souvent
trop vif ?

Que de fois ils nous garantissent de sa chaleur ou
de l'excès du froid !

Il est vrai d'avouer que ces beaux nuages finissent
un jour ou l'autre par tomber en brumes, en brouillards, en pluies ou en bronchites.

C'est à nous de les éviter ! Les nuages ne peuvent
pas, ne doivent pas avoir tort.

Mais tout n'est pas dit :

Ces vapeurs si légères, si souples, obtiennent,
quand elles sont en nombre et chauffées suffisamment,
une force que vous n'imaginez pas, ou plutôt que

vous pouvez deviner quand un train de chemin de fer passe devant vos yeux avec tout son matériel, ses marchandises, ses wagons et ses voyageurs.

Et par quoi est-il ainsi poussé des heures entières?

Par un simple jet de vapeur.

Attendez : une autre force va encore se révéler.

Si l'eau très-chauffée a cette puissance extrême, l'eau très-froide aura la sienne également, et dont il faut bien se défier, quoiqu'elle soit moins dangereuse.

A un certain abaissement de la température, l'eau se gèle et se durcit, comme vous le savez.

Mais elle se durcit si bien, que de l'état de vapeur invisible elle peut arriver sans peine à l'état de caillou.

C'est alors qu'il est nécessaire de prendre garde ! car, tout en se congelant, l'eau augmente de volume et s'étend comme la grenouille de la fable quand il lui prit la sotte fantaisie de se faire aussi grosse que le bœuf.

Elle en creva, la pauvre bête, comme éclata, l'hiver dernier, ma belle carafe pleine d'eau que, par une forte gelée, j'avais oubliée chez moi !

Que voulez-vous? L'eau dans cet état veut garder

La locomotive

sa place, elle brise toutes les prisons qu'on lui donne.

Comme vous le voyez, l'eau, comme l'air, peut se resserrer, c'est-à-dire se contracter ; elle peut se dilater, c'est-à-dire s'étendre ; elle peut tomber, s'élever, etc.

Vous n'avez pas été, j'espère, sans remarquer quelquefois votre bouillotte placée près du feu.

Quand l'eau se met à bouillir, vous avez vu qu'elle a bientôt fait de grimper comme une personne naturelle, et, si vous la laissez quelque temps, l'eau se sera envolée, la vapeur même aura disparu.

Il ne restera plus rien du tout.

Cette vapeur se sera répandue dans l'air de votre chambre, qui n'en sera qu'un peu plus humide. Mais votre bouillotte, si vous l'avez un peu oubliée au feu, sera toute perdue.

Et ne croyez pas que si le couvercle eût été mieux fermé, vous eussiez évité ce malheur.

C'eût été bien pis.

L'eau, voulant s'échapper à tout prix, n'eût pas tardé à forcer ses murailles, comme l'eau trop glacée force les siennes. Vous n'eussiez pas tardé à voir votre bouilloire sauter en éclats.

4.

Dites après cela que l'eau n'a pas de volonté.

Dans ma dernière causerie sur l'air, je vous ai parlé du *gaz oxygène,* de ce personnage si curieux qui se mêle toujours de nos affaires.

Je vous ai également expliqué ce que c'était que le *carbone,* ce corps qui se glisse à la dérobée dans tout ce que nous mangeons.

Quoique la mémoire se perde vite dans tous ces vilains noms-là, je me plais à croire que vous les distinguez aujourd'hui les uns des autres et que le rôle que l'*hydrogène* joue dans l'air et dans l'eau, en compagnie de ses camarades, ne vous est pas sorti de l'esprit.

Eh bien, c'est de la combinaison de ces différents gaz que vivent les poissons, avec quelque autre chose, bien entendu.

Car de vivre de l'air du temps, bonsoir.

Je ne souhaite pas que vous ne déjeuniez que de lui.

Ce qu'il y a surtout d'étrange dans tout ce qui regarde l'eau et ce qui ressemble fort au conte de ce prince Charmant qui changeait d'habits et de visage en un clin d'œil ; ce qu'il y a d'étonnant, dis-je, c'est que notre *hydrogène* paraît et disparaît quand il le veut, mais surtout quand nous le voulons.

Vous allez en juger.

Quand l'eau par une excessive chaleur est toute réduite, c'est-à-dire quand il ne s'y trouve plus ni liquide, ni vapeur, on croit que tout est parti. Pas du tout. Il existe encore quelque chose que vous ne voyez pas. Ce quelque chose, c'est le *gaz hydrogène*.

Souvent il est accompagné de carbone, que vous ne voyez pas davantage.

Mais à peine ces deux personnages-là sont-ils réunis, qu'ils sont tout prêts à devenir une belle flamme. Il ne manque pour cela que la visite de l'*oxygène*.

Voilà donc l'eau qui peut se transformer en feu.

Il n'y a pas moyen de se le dissimuler !

Le feu est-il éteint, le prince reprend sa première forme, qu'il ne quittera qu'à l'occasion.

Il y aurait encore bien d'autres transformations à vous raconter, celle de la neige par exemple, qui d'eau simple qu'elle était là-haut, se trouvant en route surprise par le froid, s'habille de ces jolis flocons doux et légers comme de la ouate qui se posent si délicatement sur nos arbres et nos chemins.

Celle de la grêle, qui tombe parfois drue et menue comme des pois. Heureux sont nos vergers quand elle n'est pas de la grosseur d'un œuf de pigeon.

Savez-vous pourquoi l'eau combat toujours victorieusement l'incendie?

C'est tout simplement qu'elle a la faculté, *lorsqu'elle est employée en grande quantité,* de supprimer à la fois l'air et la chaleur, ces deux éléments qui activent le feu.

Convenons encore, pour lui rendre tous les honneurs qui lui sont dus, qu'elle se déplace avec bien de la complaisance quand elle reçoit un vaisseau de la plus haute taille, tout en le laissant naviguer à son aise.

Et moi-même, quand j'entre au bain, avec quelle bonhomie elle se dérange pour me faire place!

Ah! elle n'a pas cette bonté-là avec les corps plus légers qu'elle.

Le liége, par exemple, aurait beau lui faire mille avances, il aurait beau vouloir descendre dans son sein, elle ne l'écouterait pas. Le liége reste sur l'eau. Il faut qu'il flotte sur elle; mais, plus heureux que le navire, il ne craint pas de faire naufrage.

Je sais bien que tous ces effets-là ont des causes que les savants vous expliqueront méthodiquement.

Mais nous ne faisons pas de la science. C'est un honneur que je laisse à ces grands et braves esprits qui se dévouent aux études de la géométrie, de la physique et de la chimie.

Ah! mes enfants! si j'osais me servir d'un mot trivial, quelle cuisine on y fait, dans cette chimie, et qu'elle est souvent cruelle!

Que de fois, dans les expériences que font ces messieurs, se trouve-t-il des matières redoutables, des gaz qui se fâchent, qui éclatent; des poisons terribles, etc.!

Et les pauvres expérimentateurs en sont pour un doigt ou un œil de moins, quand les deux même ne sont pas perdus!

A part ces petits désagréments, je sais bien qu'ils ont le plaisir de produire de l'eau quand cela leur plaît; de cacher de l'air dans des flacons, de faire aisément du feu, de jouer avec la foudre, etc... Oui, tout cela est plein d'intérêt, j'en conviens, mais c'est très-périlleux.

Quel est le magicien, je vous le demande, qui,

muni de sa baguette, pourrait toujours en faire autant?

Mais nous, mes bons amis, plus modestes que les savants, bornons-nous à admirer tous ces phénomènes, et rappelons-nous seulement ce qui vient d'être dit, à savoir que :

Les *nuages* sont des vapeurs qui, au sortir de la terre ou des mers, rencontrent, en s'élevant, un air froid qui les resserre, les grossit et les rend visibles.

La *pluie* est la rupture des globules d'eau que ces vapeurs contiennent.

Le *brouillard* est une vapeur resserrée entre deux couches d'air refroidies.

La *rosée* est une sorte de brouillard qui descend lentement sur les plantes, et qui passe à l'état de gelée blanche quand les nuits sont longues et froides.

Souvenez-vous aussi, comme curiosité, que chaque jour notre corps brûle 300 grammes de charbon et perd quatre litres d'eau qui se promènent par les airs.

Il est vrai que pour réparer ces pertes, Dieu a créé la faim, la soif : deux besoins qui ne sont pas sans charme, mais qui nous prouvent néanmoins que nous ne sommes, en définitive, qu'un peu de charbon et d'eau, assaisonné d'une poignée de sel.

Et cependant cette matière, ce corps, est splendide!

LES SPHÈRES CÉLESTES

LA SPHÈRE CÉLESTE. — LE CIEL.

LE SOLEIL. — LA LUNE. — LE CRÉPUSCULE. — LA NUIT.

LES ÉCLIPSES. — LES COMÈTES. — LES ÉTOILES.

LES PLANÈTES. — L'ATTRACTION. — L'ÉQUILIBRE.

LA SPHÈRE CÉLESTE

Nous sommes bien loin, mes chers amis, du temps où les prêtres de l'Orient croyaient devoir envelopper d'un grand mystère les notions de la mécanique céleste, comme ils appelaient le Ciel.

Aujourd'hui, grâce à Dieu, nous savons à quoi nous en tenir sur ce firmament où circulent toutes les étoiles, tous les mondes connus et inconnus. Mais, pour nous rendre un peu compte de ce qui se passe dans toutes ces mélées d'astres, pour nous y reconnaître, pour pouvoir enfin affirmer la vérité des découvertes, nous avons eu besoin d'imaginer que cette voûte bleue qui nous entoure et semble nous envelopper était *réellement une voûte,* sous laquelle nous vivons comme dans un ballon immense et sur les murailles de laquelle nous aurions tracé, absolument comme nous l'avons fait sur la terre, des figures et des lignes qui porteraient le même nom.

Ainsi il y a un *axe céleste,* un *équateur cé-*

leste, etc., etc. L'axe serait une ligne supposée qui tomberait directement du haut du plafond en bas ; l'équateur serait celle qui partagerait le ballon de droite à gauche, en passant juste par le milieu ; et le pôle correspondrait au pôle de la terre.

Ah ! mes enfants, quand par quelques études on pénètre dans ces vastes régions, combien tous ces astres qui, pris séparément, sont déjà de fort belles choses, offrent dans leur ensemble une variété merveilleuse ! Tous diffèrent les uns des autres et conservent cependant un air de famille qui fait plaisir à voir. Chacun se conduit dans la voie qui lui est tracée sans murmurer, sans s'inquiéter de ce que fait son voisin ; nul ne se heurte, nul ne se fâche.

Il est vrai que les mondes ne connaissent pas l'amour-propre. Et cela rassure.

D'autre part, nous avons la preuve que ces globes ne s'appuyant à rien, ne se frottant à rien, ne pourront jamais s'user, ce qui n'est pas moins rassurant.

Ce n'est pas comme votre toupie, qui, si elle tournait toujours sur elle-même, ayant la terre pour point d'appui, finirait par n'être plus une toupie et s'anéantirait par l'usure.

Remarquez encore que tous ces astres, lancés dans l'espace en ligne droite par une force de *pro-*

jection incroyable, rencontrent sur leur chemin une autre force, *l'attraction,* qui règle et modère leur marche en leur faisant décrire des courbes qu'ils reprennent sans se lasser jamais.

Et l'ensemble de ces courbes suit encore dans l'espace des routes infinies, tracées par le doigt du Créateur.

Nous n'avons donc pas à craindre qu'ils tombent les uns sur les autres. Dieu a tout prévu : depuis l'insecte jusqu'à l'homme, depuis le grain de poussière que le vent emporte jusqu'aux globes du firmament, tout annonce une pensée divine. Tous conservent la place qui leur est assignée, et, si les astronomes remarquent quelques déviations dans leur cours, ils savent que, tous les dix-huit ans, la Terre, le Soleil et les Étoiles se retrouvent, à peu de chose près, à la même place.

Il y a, dans les hautes régions de l'air céleste, des planètes infiniment petites ou des débris de planètes. Notre globe les attire ; ces débris pénètrent dans notre atmosphère sous différentes formes, et tombent quelquefois sur la terre à l'état de gros blocs avec un fracas épouvantable.

C'est bien le cas de crier : *Gare là-dessous !*

Outre ces blocs, qu'on nomme : *Bolide, Aéro-*

Étoile filante.

lithe, et qui sont en partie composés de matières
ferrugineuses, nous recevons aussi parfois des pluies
de *petites pierres,* des pluies de *sable,* de *grenouilles,* de *poussière rouge, grise, noire, blanche,* etc., etc..... Mais toutes ces pluies-là ne sont
pas dangereuses, elles ne sont que très-désagréa-
bles à recevoir, soit dans les yeux, soit sur le dos.

Elles ne proviennent que de l'effet de certaines
trombes ou tourbillons de vent, qui, avec une force
et une rapidité surprenantes, enlèvent des masses
d'insectes, de poussières de toutes sortes, et les
transportent au loin.

Il est encore d'autres phénomènes à vous signaler, ceux des aurores boréales. Nous en avons eu
une en France il n'y a pas longtemps. Elle était
rose, mais elles ne sont pas toujours si simplement
jolies.

Aux pôles, quoique les habitants des environs
les appellent du nom de *Danse joyeuse,* elles apparaissent en général au milieu des glaces et des
longues nuits de ces contrées, surtout à la fin des
crépuscules.

Imaginez que vous voyez poindre à l'horizon un
nuage d'un brun foncé dont les bords forment un
demi-cercle; bientôt le nuage grandit, se déchire,

et de son sein s'échappent mille bandes d'une vive lumière, mille colonnes étincelantes et de diverses couleurs, qui s'emparent de tout l'hémisphère en dardant leurs traits dans toutes les directions avec la rapidité de l'éclair, et se réunissent ensuite en forme de couronnes radieuses! Jugez du tableau. N'est-il pas splendide?

D'autres fois, prenant les couleurs les plus prononcées, les aurores boréales jettent un éclat terrible et ressemblent à des écharpes de sang qui traverseraient le ciel dans toute son étendue, accompagnées de sifflements et de petillements.

A cet état, elles ressemblent à d'immenses feux d'artifice. Ce n'est plus seulement splendide, c'est effrayant.

Savoir à quelle cause précisément attribuer le phénomène des aurores boréales, voilà ce que je ne vous dirai que par hypothèse, c'est-à-dire par supposition.

Quelques-uns n'y voient qu'un effet de lumière réfléchie par de la vapeur partant d'un sol congelé.

Franklin, lui, cet homme qui a tant travaillé pour l'humanité et pour les sciences, pense que la cause de ce météore est due à de l'électricité amoncelée en abondance vers les pôles.

Ce qui le prouverait un peu, c'est qu'une aiguille aimantée, si on l'approche d'une aurore boréale, s'agite comme une folle.

Je ne sais pas si vous me ressemblez, mais je vous avoue, mes enfants, que je ne puis penser à ces choses sans me sentir entraînée vers le ciel. Je m'explique parfaitement la passion des astronomes; je comprends l'amour qu'ils ont pour cette étude, sèche en apparence, très-difficile, et pourtant remplie de tant d'intérêt.

Mais ne confondez jamais l'*astronomie* avec l'*astrologie,* cette maudite science qui, pour notre malheur, dura depuis les temps les plus anciens jusqu'à Henri IV; science qui donna naissance à tant d'injustices, à tant de cruautés, et dont la queue se trouve encore de nos jours chez les *diseuses de bonne aventure.* Enfin, il n'y a plus d'astrologues, Dieu merci! On croit aux choses prouvées par l'évidence ou démontrées par la raison. Et il est si bon de croire le vrai, si doux de regarder le ciel, que ceux qui l'étudient sont en général humains et très-religieux.

Ce qui me paraît encore surprenant, c'est que tout se ressemble et que rien n'est tout à fait semblable. Observez-vous qu'il en est des astres comme

5.

de l'immensité des feuilles d'arbres, qui naissent et qui meurent sans qu'une seule d'entre elles soit absolument conforme à l'autre ?

Mais voyez donc quelle uniformité régnerait sur la terre, s'il en était autrement!

Quelle confusion, si tous les visages étaient les mêmes!

Quant à moi, il me convient parfaitement que mon nez ne ressemble pas trop au nez de ma voisine; et je suis bien aise de pouvoir distinguer le cousin que j'aime de celui que je n'aime pas. Oui, mes enfants, en cela comme en toute chose, je trouve que Dieu fit bien tout ce qu'il fit.

LE CIEL

Mes chers enfants, après vous avoir entretenus
de la Terre et des éléments, je ne saurais mieux
reprendre mes causeries qu'en vous parlant du Ciel,
de cette voûte du firmament, toute tapissée d'un
bleu céleste, et parsemée de mille soleils qui viennent nous visiter, l'un apportant le jour, les autres
tempérant la nuit.

Ai-je assez longtemps cru, étant petite fille, que
cette superbe voûte était réellement bleue, que les
étoiles étaient de jolies petites lanternes blanches
que Dieu allumait pour nous amuser la nuit, et
qu'il accrochait lui-même à cette tapisserie! Quand
le temps était sombre, je grondais, je me plaignais
du mauvais service de l'allumeur!

Convenez que c'était en effet plus drôle et plus
gai! Ce firmament, qui n'est que l'espace dans

lequel se meuvent les mondes! ce bleu qui n'existe réellement pas! Cela est triste à dire, mais il faut aujourd'hui voir les choses matérielles telles qu'elles sont ; il faut rectifier à tout moment nos illusions.

Il faut, quand nous avons vu une chose de nos propres yeux, que nous l'avons bien vue, il faut douter qu'elle soit vraie, si sa vérité n'est pas prouvée par une science positive, ou une expérience qui la démontre.

Le Ciel n'est donc pas une voûte, et cette couleur bleue ne lui appartient pas. Elle est due à la qualité de notre atmosphère, qui, étant un peu humide, n'est pas tout à fait transparente, et au travers de laquelle, par conséquent, les rayons lumineux du Soleil se déploient dans tous les sens.

N'importe! le Ciel est beau. Si les illusions nous font perdre quelque chose, la réalité nous en fait gagner d'autres; car, dans la nature, tout a sa poésie.

Est-ce que, quand vous regardez le Ciel, mes chers enfants, il ne vous dit rien? Est-ce que ce beau Ciel ne vous semble pas être le vrai séjour du bon Dieu? Est-ce qu'il ne vous semble pas que, pour en être descendus, nous ne sommes pas expatriés?

Nos anciens mêmes l'avaient peuplé de leurs

divinités. Il est vrai qu'il était difficile de les loger ailleurs!

Mais enfin il ne s'agit plus de nos yeux, qui peuvent faillir, il s'agit de ce sentiment divin qui ne peut ni se tromper ni nous tromper, de ce sentiment qui nous démontre qu'une vie plus parfaite que la nôtre règne au delà de ce monde, que tout doit être gouverné sagement au ciel comme sur la terre, et que toutes nos aspirations ne sont pas vaines.

Qui donc soutient dans l'espace ces milliers de mondes? Ne craignez pas que le Soleil aille visiter la Lune, ou qu'il prenne fantaisie à la Lune de courir après les étoiles!

Ah! mes enfants, ces deux personnes-là n'auraient garde de flâner comme des écoliers, comme je le fais quelquefois moi-même. Elles savent trop bien que leur maître ne plaisante pas.

Rassurez-vous, dormez en paix; la Terre où vous marchez n'ira point se coucher ailleurs; et regardez le Ciel sans vous demander ce qui se passe au delà de votre vue, persuadés que tout s'y passe bien. Depuis que le Soleil est au monde, ne brille-t-il pas du même éclat? La Lune est-elle moins belle? les étoiles sont-elles moins splendides?

Mais quoi! nous voulons toujours nous expliquer les causes de tous ces mouvements; nous voulons savoir d'où sont partis les mondes qui roulent autour de nous; nous voulons connaître de quel limon nous sommes pétris.

Il est sûr que Dieu fit bien ce qu'il fit, je n'ai pas besoin d'en savoir davantage, et ce n'est pas moi qui chercherai à le mettre ni en faute, ni en .contradiction, comme le fit un certain roi de Castille, grand mathématicien, ma foi, mais qui faillit perdre l'esprit dans ses études sur l'astronomie, au point que, s'embrouillant lui-même, et ne comprenant plus rien au système de l'univers, il accusa le système lui-même de ne rien valoir et se prit à dire sérieusement que, au moment de la Création, si Dieu l'avait appelé à son conseil, il lui aurait donné sûrement de bons avis.

Ce roi ne ressemble-t-il pas à ce pauvre benêt de *Garo* dont parle *la Fontaine?*

Pourquoi donc, s'écria-t-il un jour, Dieu ne m'a-t-il pas consulté quand il créa le *gland,* évidemment trop petit pour l'arbre qui le porte? Et pourquoi cette *citrouille,* trop grosse pour la faible plante à qui elle appartient? Cette erreur, il ne l'eût pas commise.

Sur cette réflexion, qui lui sembla superbe, il alla se coucher au pied d'un chêne.

A peine est-il endormi, qu'un gland lui tombe sur le nez et le réveille brusquement.

Oh! oh! dit-il, qu'est-ce que cela? Un gland! Bien me prend qu'il ne soit pas citrouille! Mon pauvre nez, que serait-il devenu?

La fable dit qu'il fut bien corrigé;

> *Car,* louant Dieu de toute chose,
> Garo retourne à la maison.

Et nous aussi, mes enfants, louons Dieu de tout notre cœur et de tout notre esprit.

LE SOLEIL

Rappelez-vous ces beaux vers, mes enfants. Le Soleil, au milieu de ses nuages, ressemble passablement en effet à un monarque entouré de sa cour. Saluons-le donc. Saluons-le; mais, toutefois, il est bon de connaître un peu ceux-là mêmes à qui l'on rend tant d'hommages.

Eh bien, ce roi de la création, à l'entour duquel on voit des traînées lumineuses ressemblant fort à des ruisseaux de matières brillantes, n'est au demeurant qu'un *noyau obscur* d'où partent des flocons de lumière. Quelques petites ombres s'y trouvent, où l'on croirait distinguer un entremélement de joncs sans fin. Puis, une masse de fluides circulent autour de ces flocons, laissant par inter-

valles des trouées immenses, des déchirures gigantesques où *notre petit globe serait englouti comme*
le serait une pierre dans un volcan.

Soleil et noyau obscur.

Je ne vous conseille pas, mes enfants, d'aller
voir ce qui se passe dans ce noyau-là.

Et de fait, ce serait plus curieux que rassurant,
puisqu'il n'y a dans ces parages que des tempêtes
et des tourbillons; à sa surface on n'aperçoit que
des taches qui vont, viennent, s'éparpillent, se
divisent; c'est un remue-ménage perpétuel.

On voit encore, en y regardant de bien près, des

petits points lumineux et obscurs, des rides vives
et sombres, mais non des rides de vieillesse,
quoique, à entendre parler les savants, il soit pro-

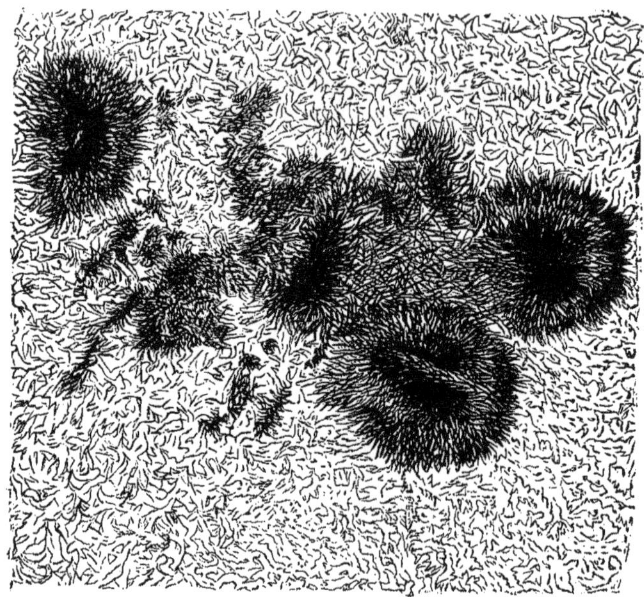

Taches du Soleil.

bable que sa chaleur diminue de siècle en siècle.
Enfin, un immense anneau formé de matières lumineuses entoure le Soleil à une grande distance et
assiste par conséquent à son lever et à son coucher.
C'est la lumière zodiacale.

Tel est ce roi brillant du jour.

Voulez-vous connaître sa chaleur? Elle est trois cent mille fois plus intense que celle reçue sur un point quelconque de notre globe.

Mais la grande affaire de cette chaleur est moins de chauffer par elle-même que de développer la *chaleur* ou le *calorique* naturel qui est en nous, sur la Terre, partout.

Cela est si vrai que plus on s'élève dans l'atmosphère, plus on a froid.

Allez sur le plateau de Quito, au Pérou, avec votre thermomètre; il ne pourra pas monter plus haut que cinq degrés, et ce plateau est au sommet d'une des plus hautes montagnes de l'Amérique. Ceci est convaincant.

Si les rayons du Soleil portaient la chaleur avec eux, on devrait en être rôti. Il n'en est rien pourtant, parce que l'atmosphère, lorsqu'elle devient rare, ne renferme que peu de calorique; ces pauvres rayons solaires ont beau faire, ils ne peuvent développer que ce que l'air peut contenir. Donc, moins il y a d'air, moins il y a de chaleur; elle entre dans la matière, s'en échappe sans cesse, y rentre de nouveau; et voilà pourquoi nous passons si subitement du chaud au froid, du froid au chaud.

—Le Soleil ne se présente pas tout de suite tel qu'il est. Avant d'arriver à l'œil, les couches d'air plus ou moins serrées qu'il est obligé de traverser déforment sa physionomie. Ainsi il semble plus rouge, plus grand à l'horizon qu'au-dessus de nos têtes.

Tout cela est déjà bien assez admirable; mais les anciens, qui rêvaient plus qu'ils ne réfléchissaient, ne s'imaginaient-ils pas que le Soleil était la source unique du feu? Les mondes, dans leur promenade, devaient finir un jour ou l'autre par se frotter à lui comme des allumettes et prendre flamme! D'autres, moins craintifs, étaient persuadés que c'était lui qui, assurément, envoyait les âmes sur la Terre, et, par cette raison, ils s'intitulaient glorieusement les enfants du Soleil. Combien d'autres lui ont dressé des autels!

Quant à nous, mes enfants, ne nous moquons point de nos ancêtres. Si nous n'étions pas plus éclairés qu'eux, nous en dirions tout autant.

Nous convient-il maintenant d'avoir une idée de son importance? Eh bien! ce globe qui a cent mille lieues de tour est un million de fois plus gros que la Terre. La vitesse de sa rotation est telle qu'elle fait aisément ses cinquante mille lieues à l'heure. Qu'en pensez-vous?

Parlons de son éloignement. La locomotive d'un chemin de fer, bien chauffée, n'arriverait à lui qu'après un voyage de trois cent trente-sept ans, ou, si vous aimez mieux, un gros boulet de canon, en conservant sa vitesse, mettrait plus de *dix* ans à faire ce trajet; sa lumière ne vient frapper nos yeux que huit minutes après qu'elle a pris congé de son maître; s'il disparaissait du ciel, nous serions, par conséquent, huit minutes sans nous en apercevoir.

Que pensez-vous aussi de cette lumière qui, à son départ, se diffuse et se disperse si également dans tous les sens que, lorsqu'elle vient de notre côté, nous la possédons partout?

L'atmosphère, de son côté, en recevant cette lumière, la décompose et en fait naître mille couleurs plus jolies, plus vives les unes que les autres.

Le Soleil, dit-on, avance toujours insensiblement un peu dans l'espace; la preuve en est que sa figure, qu'on voyait au fond d'un puits il y a quelque mille ans, ne s'y voit plus. Puisque le puits n'a pas bougé, il faut bien que ce soit le Soleil; mais c'est de si peu de chose qu'on pourrait croire, en vérité, sans se tromper beaucoup, que le Soleil est immobile.

Ah! mes enfants, les préjugés portent avec eux

de si longues racines que nous avons bien de la peine à les arracher de notre esprit; comment, par exemple, se mettre aisément dans la tête que le Soleil ne bouge pas, quand nous le voyons se lever, grandir, planer au-dessus de nos têtes et finalement se coucher à l'horizon?

Je ne dis pas que cette illusion ne soit encore charmante; il est bien plus aimable de croire que le Soleil sort de son lit pour nous apporter son flambeau, qu'il nous caresse toute la journée et qu'il se couche quand il est fatigué de sa course.

Oui, tout cela plaît davantage à l'imagination.

Mais, hélas! la science est venue qui a dérangé toutes ces idées-là. Que voulez-vous? Ce que l'instruction nous fait perdre n'est-il pas d'ailleurs compensé par la satisfaction de savoir suffisamment ce qui est vrai?

Il faut donc vous figurer toujours la Terre comme une boule suspendue dans l'espace qui, au moment où elle se tourne vers le Soleil, l'aperçoit à son bord en lui souhaitant la bienvenue. Bientôt, elle le verra en face pendant toute la journée; puis, son mouvement de rotation continuant encore, elle le voit disparaître et lui dit adieu. En voilà jusqu'au lendemain.

Vous ne penserez donc plus, j'espère, que ce bel astre s'élève de derrière Fontenay-aux-Roses comme d'un berceau de fleurs, et qu'en entrant dans les bois d'Aulnay, il se dépêche d'aller se mettre au lit.

Non, mes enfants. le Soleil ne se lève ni ne se couche. Mais, me direz-vous, pourquoi ce gros Soleil reste-t-il tranquille, tandis que cette pauvre petite Terre fait tant de besogne?

Détrompez-vous, le Soleil est si loin que nous n'apercevons guère tous ses mouvements; mais il accomplit sa tâche comme tous les astres. Comme eux il fait une pirouette sur lui-même qui dure vingt-cinq jours, et comme je viens de vous le dire, il s'avance dans l'espace, quoique fort insensiblement, à la rencontre d'un groupe d'étoiles qu'on appelle la *Constellation d'Hercule*.

Vous voyez que Dieu ne laisse rien en repos, qu'il donne du travail à tous les mondes, qu'il en donne le goût à tous les hommes. Il n'y a que les paresseux qui ne fassent rien.

Aussi le paresseux n'est pas un homme. C'est un paresseux.

Mais en y réfléchissant, ne trouvez-vous pas naturel que les petits corps tournent autour des grands, surtout quand il s'agit du Soleil?

Que diriez-vous d'un poulet mis à la broche qui obligerait le feu à tourner autour de lui?

Eh bien, ce que le poulet fait en dix minutes, la Terre le fait en vingt-quatre heures, et recommence le lendemain le même tour de broche. Seulement le poulet se cuit en une heure, et la Terre ne s'arrête jamais, car c'est tous les jours qu'elle accomplit cette rude tâche; Dieu merci, nous n'avons jamais peur d'être brûlés, comme le serait ce pauvre rôti, si la cuisinière s'absentait un moment.

Dieu est toujours là. Il ne quitte pas nos affaires.

La Terre présente donc successivement au Soleil l'*Europe*, une partie de l'*Asie*, de l'*Afrique*, de l'*Amérique*, de l'*Océanie*.

Le tout en vingt-quatre heures.

Vous devinez, je pense, que lorsque Paris est éclairé, il fait nuit du côté opposé.

Et quand nous avons la nuit, c'est le moment où nos voisins de là-bas y voient clair.

Savez-vous pourquoi, mes enfants, quand nous avons à midi le Soleil au-dessus de nos têtes, nous avons moins chaud que deux heures après?

Pourquoi au mois de juin, quand la Terre le reçoit

en pleine poitrine, il est moins brûlant qu'au mois de juillet?

Pourquoi le printemps est plus froid que l'automne ?

C'est, mes enfants, que la Terre, une fois qu'elle est imprégnée de calorique, le garde très-longtemps, le répand peu à peu et le rayonne partout.

Allez, en été, vous asseoir sur un banc de pierre qui, pendant tout le jour, aura reçu les rayons brûlants du Soleil.

Vous me direz s'il y fait froid!

Eh bien, la Terre fait ce que fait votre banc de pierre : elle conserve la chaleur.

Mais quelle est donc la puissance de ce rayon qui darde tout l'univers; de ce rayon qui entre furtivement en ligne droite dans une petite chambre par le petit trou de mon volet et suffit à m'éclairer; de ce rayon qui pénètre les yeux des plus petits insectes!

Quelle est aussi cette merveilleuse décomposition qui se fait de la lumière au travers d'une goutte d'eau et semble en faire un miroir, qui s'appelle le prisme ?

Quant à l'*arc-en-ciel,* vous le verrez toujours à

6

l'opposé du Soleil; il sera le signe que le beau temps va venir, et la forme d'arc qu'il prend vient tout simplement de ce qu'il voit une des parties *rondes* de la Terre et qu'il nous la représente.

En attendant qu'il en vienne un au ciel, sachez que du seul rayon blanc qu'il tient du Soleil, il trouve le moyen de former sept couleurs qui sont par ordre :

Le *rouge,* l'*orangé,* le *jaune,* le *vert,* le *bleu,* l'*indigo* et le *violet.*

Or, s'il se trouve sept couleurs, en réalité, il y en a trois qui participent et tiennent des quatre autres avec lesquelles elles sont mêlées.

Les quatre couleurs principales sont donc le *rouge,* le *jaune,* le *bleu,* l'*indigo* (qui est un bleu très-foncé). Le blanc et le noir ne sont pas des couleurs.

C'est ainsi que l'*orangé* est formé de deux couleurs : le *rouge* et le *jaune.*

Le *vert* est composé du *jaune* et du *bleu.*

Et le *violet* tient de l'*indigo* et du *rouge.*

Mais voyez donc, mes enfants, comme tout a été bien calculé.

Il s'agissait d'éclairer un globe de neuf mille

lieues de tour avec un seul foyer. C'était un fameux problème à résoudre !

Dieu dit : et voilà qu'un astre tout de feu et de flamme, un million de fois plus gros que la Terre, apparaît.

Il apparaît à une distance d'environ trente millions de lieues, afin que ses rayons puissent se répartir également dans tous les sens, afin que chacun et que chaque chose puissent jouir sans crainte de sa lumière et de sa chaleur.

Et, pour surcroît de bonheur, nous possédons une atmosphère qui règle, varie et modifie admirablement la température. Mais rappelez-vous que le Soleil n'échauffe pas l'air à lui tout seul, et que c'est le sol, lorsqu'il est échauffé, qui rend à l'atmosphère cette chaleur qui se propage en s'affaiblissant.

Rappelez-vous aussi que le 1ᵉʳ juillet, le Soleil nous paraîtra plus petit qu'à l'ordinaire, parce qu'en effet il est plus éloigné de nous; il est bien plus au-dessus de notre horizon.

Pour bien résumer tout ceci, disons que la Terre joue le rôle d'un poêle immense qui s'allume le jour et dont le sol et les nuages conservent la chaleur pendant le reste du temps.

Cette combinaison, très-excellente pour **nous**, l'est encore pour les arbres. Leurs racines délicates plongent en terre et y trouvent du frais. Les cimes élevées, composées de branches et branchettes, en trouvent un peu également; il n'y a que leurs troncs robustes qui soient exposés à la plus grande ardeur du Soleil. Ceux-là ne craignent rien.

Certes, mes chers enfants, toutes ces observations prouvent suffisamment que Dieu a présidé à tout; qu'il a prévu tous nos besoins; que toute création a sa loi marquée au coin de sa bonté, et qu'il est bien malheureux d'entendre dire à tant d'esprits vulgaires et bornés que Dieu, puissant à créer, puissant à conserver, dédaigne de s'occuper de nous.

Si, **mes bons amis**, Dieu s'en occupe, et s'en est occupé en nous donnant l'intelligence, la conscience et la volonté.

C'est à nous de nous en servir.

LA LUNE

Parfois, lorsque tout dort, je m'assieds plein de joie
Sous le ciel étoilé qui sur nos fronts flamboie;
J'écoute si d'en haut il tombe quelque bruit;
Et l'heure vainement me frappe de son aile
Quand je contemple ému cette fête éternelle
Que le ciel rayonnant donne au monde la nuit.

Victor Hugo.

N'est-il pas juste, mes enfants, qu'après vous avoir fait le portrait du Soleil, je vous fasse aussi celui de la Lune?

Dans nos campagnes, j'ai entendu dire autrefois à de certains paysans que, lorsque la Lune est dans son plein, elle représente positivement la figure du traître Judas. Elle restera là, éternellement, disaient-ils, en punition de son crime!

Moi, je pense qu'il l'expie ailleurs, ce misérable; mais la vérité est que ce nez, cette bouche et ces yeux qu'on croit voir ne sont que des taches, et que ces taches sont le produit de cavités plus ou moins profondes, de montagnes gigantesques pro-

6.

jetant leur ombre sur des vallées, et que la plupart de ces montagnes n'ont rien moins que deux ou trois lieues de hauteur, juste la distance de Paris à Sceaux! Jugez un peu du chemin à faire pour y grimper! Jugez aussi de la longueur de leurs ombres!

Les études qu'on a faites prouvent que la Lune est une terre tout aussi bien que la nôtre, mais beaucoup plus mignonne, puisque son *disque* (c'est-à-dire le corps apparent de l'astre) est quatorze fois plus petit. Cela est si vrai, que si, pouvant s'échapper, elle voulait nous rendre visite, il ne lui faudrait guère plus de cinq à six jours pour descendre jusqu'à nous, quoiqu'elle se trouve encore à plus de vingt-cinq mille lieues.

Oui, mes petits amis, la Lune est une terre, qui, d'abord fluide, se revêtit successivement d'une écorce solide comme la nôtre, et, comme la nôtre, se couvrit de hautes montagnes qui durent être primitivement des volcans, puisqu'on voit claire-ment à leur sommet de grands trous en forme d'*entonnoir;* d'autres, moins élevées, donneraient l'idée de *bulles de savon* qui, par un bouillonne-ment souterrain, auraient été soulevées, et finale-ment crevées à sa surface.

L'une de ces Bulles ou *Cirques* ne mesure pas moins de soixante-quatre lieues de tour. Enfin, tout annonce que ce sont des gaz puissants qui ont fait apparaître à la surface de la Lune tous ces immenses soulèvements que nous voyons d'ici.

Quant aux lacs et aux mers qui s'y trouvent, c'est une manière de parler. S'il y en avait, l'eau, sous l'action torride du Soleil, serait bientôt épuisée, et, sous celle d'un froid extrême, ne tarderait pas à être partout réduite à l'état de glaçons.

Il n'y a donc ni mers, ni lacs, mais des plaines fort étendues, assez semblables aux déserts de l'Afrique. Ce qu'on peut presque affirmer, c'est qu'elles furent couvertes, à une très-ancienne époque, non d'un déluge comme le nôtre, mais d'un torrent de boue.

Pauvre Lune! Quoi! un épanchement de boue aurait enseveli plus des deux tiers de sa surface!

Et, pour comble de malheur, elle est dépourvue d'atmosphère, de nuages, de pluie, de rosée; point d'aurore pour elle, point de crépuscule. Est-il possible d'y supposer des végétaux, des animaux? Non, pas plus que d'espérer y voir quelques jolis petits agneaux sur l'une de ces montagnes; car ce n'est assurément pas de l'herbe qu'ils brouteraient,

Paysage lunaire.

d'autant que le sol des monts est rougeâtre, rocail-
leux, ferrugineux ; celui des vallées, d'un gris un
peu foncé tirant sur le bleu, ne ressemble pas mal
à de l'acier. Faites donc, sur une terre pareille,
pousser un pissenlit !

Vous comprenez bien dès lors que, si la vie humaine circule dans ces tristes régions, ce ne sont
pas des côtelettes et du fromage que l'on y mange.
La vie doit s'accomplir dans d'autres conditions que
la nôtre, qui réclame impérieusement de l'air et
de l'eau.

Encore si le Soleil, quand il se découvre devant
la Lune, ne lui envoyait pas du premier trait et
directement toute la force et l'intensité de ses
rayons !

Mais, puisqu'il est certain que l'eau manque
partout dans ce séjour désolant, pourquoi les savants s'obstinent-ils à donner à des taches grises ou
noires le nom de *golfes* ou de *mers ?*

Pourquoi ce lac des *Songes*, celui de la *Mort ?*

Pourquoi disent-ils que le *golfe des Iris* est situé
au bord de la *mer des Pluies ?* ceux des *Nuées,* du
Nectar des Crises placés çà et là ? Pourquoi imaginer un *océan des Tempêtes,* un *océan des Hu-
meurs,* un *océan de la Sérénité ?*

. Quant au *marais du Sommeil,* d'un ton jaunâtre et uniforme, il peut apparaître tel. Mais c'est égal, supposons qu'il y ait un *marais,* il n'y a certainement ni *lacs,* ni *océans.*

Ah! mes pauvres enfants, si vous étiez transportés à la surface de la Lune, que vous y vissiez le sol couvert d'aspérités, de cavités, de pics, de hautes montagnes; si vous y éprouviez la rigueur de la température, passant d'un froid rigoureux à la chaleur la plus intense, et de la chaleur la plus extrême à un froid glacial; si vous restiez un moment sur ce sol obscur et sous ce noir firmament, d'où s'échapperaient seulement de très-brillantes étoiles, mais qu'aucune autre lueur ne viendrait éclairer; si vous pouviez, enfin, résider quelque temps au milieu de ces paysages mornes et désolés, où règne un silence éternel, vous ne seriez pas longs à en descendre!

Et, cependant, de quel droit affirmer qu'il n'y a pas d'habitants dans la Lune? Hélas! j'aurais pitié d'eux; s'il s'en trouve, ils doivent, il me semble, posséder des organes bien inférieurs aux nôtres. Peut-être, en compensation, ont-ils des facultés plus nombreuses, plus élevées, tout autres que les nôtres; qui sait? Mais supposons que ces êtres en-

tendent notre langage. Supposons que quelqu'un
leur dise :

« Vous ne savez pas la nouvelle? On a découvert,
pas bien loin de chez vous, un pays où des bêtes se
soutiennent en l'air toutes seules, où il y a des animaux qui vivent dans l'eau avec leurs familles,
d'autres qui marchent les pieds en bas, la tête en
l'air, et font des choses merveilleuses et des sottises
incroyables. »

« Bah! diraient ces habitants, qu'est-ce que vous
nous contez donc là? »

Et Dieu sait, s'ils pouvaient nous voir, de quel
œil ils nous regarderaient!

Notre Terre, j'ai dû vous le dire déjà, n'est pour
la Lune qu'une planète, comme la Lune est une
planète pour la Terre... Elles se montrent donc
alternativement les mêmes phases.

Quand la Lune éclaire nos prairies, nous disons :
Il fait *clair de Lune*.

Quand c'est nous, au contraire, qui l'éclairons,
il fait pour eux *clair de Terre*.

C'est alors qu'ils peuvent distinguer assez nette-
ment nos deux calottes blanches glacées, nos deux
Pôles.

Mais nous, nous offrons tour à tour à la Lune

toutes les parties de la Terre ; tandis qu'elle, par suite de ses mouvements de rotation et de révolution qui s'accomplissent ensemble pendant une même durée de temps, nous montre toujours la même moitié de sa face. Ce n'est pas très-amusant, mais il faut bien s'y résigner.

Ce qu'il y a de vraiment curieux, c'est que, tout en nous suivant comme un chien, elle nous apporte, sans s'en douter, des nouvelles de l'état atmosphérique de diverses contrées.

Un pays, par exemple, se trouve-t-il quelque temps chargé de nuages, la Lune, qui reflète un peu cette contrée comme elle reflète la Terre, nous fera voir par sa lueur, un peu obscurcie, que cette contrée est elle-même privée de soleil.

Maintenant que vous avez vu de près notre *satellite,* éloignons-nous, et admirons de plus haut cette gentille Lune qui, quoique quatorze fois plus petite que la Terre, met vingt-neuf jours à faire sa pirouette, et à peu près le même temps à courir autour de nous.

Vous voyez qu'elle en prend à son aise, mais n'oublions pas qu'elle nous suit en manière de spirale, cette courbe qui se déroule comme le fait un escalier tournant.

Regardez-la donc, cette chère Lune, et dites-moi si, malgré sa mine blafarde, elle n'est pas aimable, quand elle éclaire un paysage ou se reflète au bord d'une rivière.

L'avez-vous contemplée souvent, lorsque, par

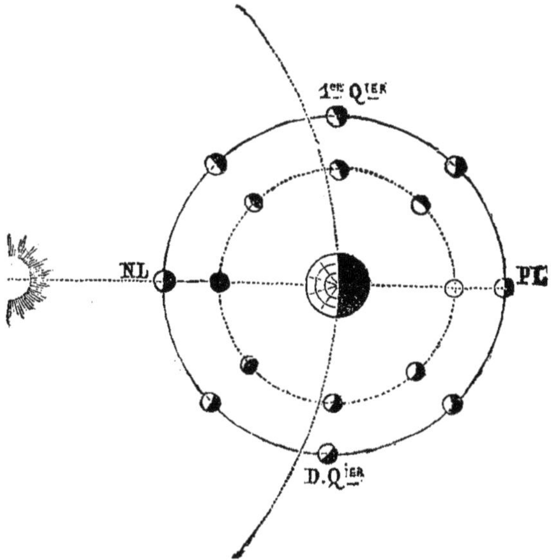

Les divers quartiers de la Lune.

une belle nuit d'hiver, les arbres, étant dépouillés de leurs feuilles, dessinent sur elle par le réseau de leurs branches de si charmantes dentelles?

Mais c'est sous la forme d'un croissant qu'elle est

7

encore bien jolie; ne dirait-on pas qu'il est composé d'argent céleste?

Observez-le bien, ce croissant qui revient tous les mois.

Chaque jour il grandira jusqu'à ce qu'il devienne *premier quartier*.

Pendant ce temps vous verrez le reste du *disque* de la Lune sous une teinte cendrée. Cette teinte vient du reflet presque insensible de la terre.

Plus tard, elle vous apparaîtra dans sa plénitude, c'est-à-dire entièrement éclairée par le Soleil. C'est la *nouvelle lune*.

Bientôt vous la verrez diminuer de nuit en nuit jusqu'à ce qu'elle redevienne *dernier quartier*.

Un peu de temps, et vous ne la verrez plus. Elle sera *nouvelle lune*.

Vous comprenez bien que quand la Lune se trouve entre nos yeux et le Soleil, nous sommes en face du dos de notre satellite qui est dans l'ombre, tout comme serait notre main placée devant une lampe.

Tandis que, quand elle commence à s'écarter à droite ou à gauche du Soleil, nous voyons déjà sa pâle figure qui s'éclaire peu à peu.

Vous ai-je dit que quatre jours après sa disparition, elle reparaît, montre d'abord le bout de son

oreille, de son nez, puis son profil, puis son trois-
quart et enfin sa face, qui bientôt elle-même dimi-
nuera de rondeur, jusqu'à ce que de nouveau nous
la reperdions de vue?

A l'époque de son croissant, la Lune se lève de
meilleure heure et se couche plus tard, du moins
à nos yeux, car elle ne se couche pas plus que le
Soleil.

Vous vous souvenez que c'est au levant que la
Terre voit les premiers rayons du Soleil, et que
c'est au couchant qu'il disparaît à nos yeux; ce qui
vous prouve très-clairement que nous marchons
d'Orient en Occident.

Eh bien, pour la Lune, c'est absolument tout
l'opposé. Elle se promène d'Occident en Orient.

Connaissez-vous ce dicton populaire : La Lune
mange les nuages? Cela veut dire que les couches
atmosphériques supérieures absorbent parfois les
rayons lunaires. Ils finissent donc par disparaître
sous l'action de cette légère chaleur que la Lune,
toute froide qu'elle paraît, ne cesse pas d'avoir.

Quant à l'opinion qu'on a généralement de la Lune
et de son influence, rappelez-vous qu'elle est à peu
près nulle. En comparant les jours où il pleut à
ceux où il ne pleut pas, les phases lunaires n'offrent

presque rien qui les distingue. Tout au plus, a-t-on remarqué que le jour où il pleuvait le moins était celui du dernier quartier.

Il est vrai que, quand nous ignorons la cause d'un effet qui nous frappe, nous lui en attribuons bien vite une qui est chimérique. C'est ainsi que les jardiniers croient que la lune d'avril a le don fatal de faire geler les jeunes pousses, très-délicates à cette époque de l'année.

Oui, elles gèlent aisément, mais seulement quand le temps est clair, car elles ne souffrent pas du tout lorsqu'il est chargé de nuages.

Et cela s'explique. Pendant la nuit, les plantes, qui sont plus élevées que le sol, se refroidissent plus vite, et le frais des nuits sereines descend et s'arrête sur ces petites têtes toutes jeunes, toutes tendres, et les roussit.

Mais la Lune, comme je vous l'ai déjà dit, n'y est pour rien. Ne faut-il pas que la calomnie se glisse partout !

Une force certaine lui est acquise, celle de l'attraction. Ah! celle-là, mes enfants, s'exerce sur la terre entière, mais plus principalement sur les eaux. Étant plus mobiles que la terre, elles se soulèvent plus aisément. Quand elles montent, c'est le *flux;* quand elles descendent, c'est le *reflux.* Mais il n'y a pas que la Lune qui ait cette puissance-là. Il est parfaitement prouvé que tous les corps sphériques ont une action les uns sur les autres. Et cette puissance est telle chez nous, à de certaines époques, que non-seulement les forces combinées du Soleil et de la Lune soulèvent nos mers, mais encore la terre entière et les mers qui sont dessus; de sorte que tout le globe étant attiré par eux, il s'allonge de leur côté en prenant un peu la forme d'un œuf dont les extrémités deviennent des marées hautes.

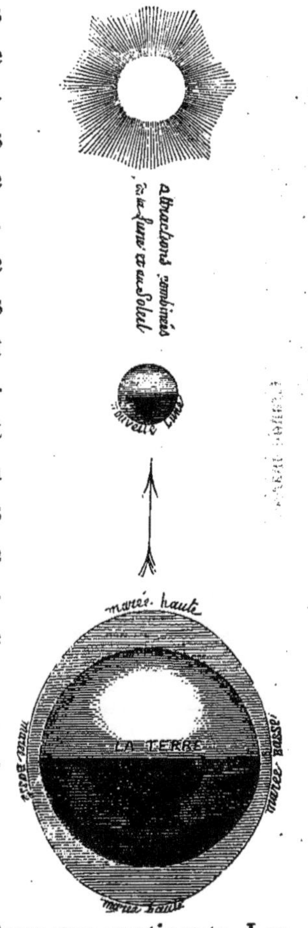

Ne nous étonnons pas alors des modifications qu'éprouvent à la longue tous nos continents. Les

Grande marée.

Plage à marée basse.

rivages, les falaises, incessamment battus par les eaux, se dégradent; leurs formes s'altèrent de siècle en siècle en détruisant très-souvent le travail de l'homme.

Comme vous le voyez, mes enfants, tout s'agite, tout change, tout se modifie, et cependant tout reste en place, tout reste en ordre.

Dans le ciel, il en est ainsi : les lunes ne quittent pas leurs planètes ; les planètes ne quittent pas leur soleil, et les soleils eux-mêmes tournent avec ce qui les entoure autour d'autres soleils qui gravitent vers d'autres sphères, peut-être plus splendides encore, jusqu'à ce que, circulant toujours, ils se confondent enfin dans un immense et universel soleil au delà duquel pourtant notre pensée ne s'abîme pas, puisqu'elle y trouve Dieu.

LE CRÉPUSCULE

LAMARTINE.

Lamartine a si bien décrit dans ses vers cette heure délicieuse du *crépuscule,* mes enfants, que je ne sais plus qu'en dire dans mon humble prose.

Il est bien vrai qu'elle est charmante, cette douce transition du jour à l'obscurité, et que les poëtes ont bien raison de la chanter.

Oui, c'est bien le soir, à l'approche de la nuit, que nos idées se prêtent le mieux à la rêverie. C'est à cette heure, au retour des souvenirs chers et tristes quelquefois, que notre pensée monte plus aisément au ciel.

Ne médisons point pourtant de ces premières lueurs qu'on voit poindre à l'horizon quand le soleil doit bientôt apparaître, et qu'on appelle l'*aurore*.

7.

Ne vous semble-t-il pas, quand, secouant **votre** paresse du matin, vous assistez au lever du soleil, que des idées fraîches et riantes s'emparent de votre esprit et que l'*aurore* signifie l'*espérance!* signifie l'*avenir?*

Mais pour beaucoup de gens, l'*aurore* n'est que le signal de la reprise des affaires, des plaisirs et des tracas du monde.

De même, le *crépuscule* n'est pour eux que l'heure qui termine la journée, l'heure où les ouvriers rentrent leurs outils, où les financiers ferment leurs bureaux, où les écoliers rangent leurs livres.

Mais le poëte et le peintre s'arrêtent, regardent et pensent. L'un laisse tomber sa plume, l'autre quitte sa palette; soyez sûrs, si l'heure a été favorable, que le lendemain l'un et l'autre feront des merveilles.

N'est-ce pas l'heure aussi du retour des bonnes promenades; l'heure où, affamé, on presse le pas pour se rapprocher du dîner de famille?

Après qu'on a admiré, chanté et reproduit la nature, il faut bien causer, boire, manger, dormir. Qu'en pensez-vous?

C'est tout cela qui fait la vie saine et heureuse.

Le lever du soleil.

Pauvres habitants des villes ! Connaissent-ils seulement ces vastes horizons ?

Peuvent-ils éprouver ces douces émotions qui inondent le cœur ?

Avez-vous jamais remarqué avec quelle précaution, avec quel ménagement le jour nous quitte ?

Ne dirait-on pas qu'il s'éloigne à regret, et ne prend cette lente allure que pour nous laisser le temps de dire adieu au soleil et de voir peu à peu briller nos charmantes étoiles !

Convenons que cela est bien aimable.

Avez-vous aussi remarqué que c'est de la même manière que nous vient le jour ?

Avec quel respect la nuit se dérobe devant les premiers feux du soleil ! Comme doucement elle lui cède le pas !

Mais voyez donc ce que nous deviendrions si, au milieu de nos travaux, ou lorsque nous sommes en voyage, la nuit tombait soudainement sur nos têtes !

Pensez-vous quelquefois à toutes ces choses, à cette prévoyance superbe qui préside à tout ?

Pensez-vous à cette variété extrême répandue dans toute la nature, à ce paysage qui change mille fois d'aspect, depuis l'*aurore* jusqu'au *crépuscule?*

Le soleil, les vents, les nuages, les brumes, tout concourt à le modifier.

Ce n'est qu'un changement perpétuel de décors, et souvent un changement à vue.

Oui, mes enfants, il est aussi habile qu'il est bon, Celui qui a disposé les machines de ce grand théâtre qu'on appelle l'univers.

Celui qui savait que, vus d'un peu loin, les effets en seraient admirables; et que, vu de près, aucun premier plan ne serait négligé.

Tout ce qui pouvait nous être utile et agréable a été répandu avec profusion.

Comment? Par quel moyen?

Voilà ce que je ne vous dirai certainement jamais, parce que dans ces hauteurs les portes de notre intelligence sont absolument fermées.

Ah! mes chers enfants, soyez assurés que si nous n'avons pas été créés pour comprendre cette puissance divine qui préside à tout, nous l'avons été pour l'admirer et pour la bénir. N'est-ce point assez?

LA NUIT

Le soleil a sombré derrière l'horizon,
Tout dort en apparence; en réalité, non.
La matière s'agite et vit, travaille et pense,
Le grain germe, et du fond de ce profond silence
La séve coule à flots; sa respiration
S'exhale de la nuit dans la Création.

A. ROLAND.

Si Dieu, mes enfants, a trouvé dans sa sagesse qu'il était bon de créer le jour, c'est-à-dire la lumière, ne trouvez-vous pas qu'il a bien fait aussi de nous donner la nuit? Sans elle, que deviendrions-nous? Vous l'êtes-vous jamais demandé?

Si la nuit ne venait pas réparer nos forces, rafraîchir notre sang et parfois calmer nos douleurs, dans quel état d'épuisement serions-nous, bon Dieu!

Qui ne souffre d'une insomnie ou d'une veille forcée!

Moi, je ne reproche au sommeil qu'une chose : c'est que sur vingt-quatre heures que nous possé-

dons tous les jours, et qui passent déjà si rapidement, il faille lui en donner sept ou huit, juste
le tiers de notre existence, si vous savez bien
compter.

N'est-ce pas véritablement un vol qu'il nous
fait!

Dormir, n'est-ce pas un peu mourir! Il serait si
charmant de se reposer en pensant à mille bonnes
choses.

J'estime et je prise tant la vie que je trouve fort
ennuyeux d'être condamnée à l'oublier si longtemps!

Reconnaissons pourtant que le réveil est parfois
plein de charmes.

Quand on s'est endormi sur une bonne pensée,
sur une saine lecture, il arrive au matin un léger
bercement où l'on poursuit encore tantôt les pres-
tiges d'un songe agréable, tantôt de suaves rêve-
ries.

Et n'est-ce pas un bonheur que de se sentir re-
naître à la lumière!

Je ne parle pas des malheureux accablés de douleurs morales ou physiques. Hélas! pour ceux-là,
tout devient amertume!

Mais vous souvient-il de vos rêves d'enfant?

Quant à moi, ma mémoire me rappelle que j'avais à peine quatre ans, lorsqu'une nuit je rêvai que je ne possédais pour tout vêtement qu'une chemise; une bonne gouvernante que ma mère avait placée près de moi me la remplissait de bonbons. Ainsi chargée, je m'envolai. Où allai-je? Je ne sais. Au ciel, sans doute, car je m'élevais sans cesse, et c'est là probablement que je voulais aller.

Ce que je sais bien, c'est que je volais toujours, que je m'élevais toujours... Et le plaisir que je ressentais de me sentir incessamment dans l'air, de m'y baigner, dominait la perspective de croquer tous mes jolis bonbons que d'ailleurs pourtant... je ne perdais pas de vue.

Ce rêve si simple dura toute la nuit, et me laissa une joie si fraîche et si pure qu'il m'est resté comme un des plus charmants souvenirs de mon jeune âge.

Le sommeil, comme vous le voyez, a du bon malgré tout, car Dieu, en nous l'imposant la nuit, a encore eu la générosité de nous l'accorder le jour. De pauvres malades, de pauvres vieillards en profitent quand ils ne peuvent plus faire autre chose que de dormir.

Mais le sommeil a ses caprices. On ne le voit

guère venir que quand cela lui plaît. Si nous le
forçons, il nous fait la grimace ; si nous le chas-
sons, c'est encore avec une grimace qu'il résiste.

Enfin, quand nous l'appelons naturellement,

La nuit.

quand nous lui disons les choses les plus flatteuses,
s'il n'est pas décidé à paraître, il faudra bien s'en
passer.

Convenons toutefois que c'est un état bien incom-
préhensible qu'un état qui n'est ni la vie ni la

mort; dont l'approche seule trouble nos esprits au point de perdre la conscience du moment précis où le sommeil s'empare de nous; mais ce trouble même n'est pas sans quelque charme.

Nos idées se confondent, des figures séduisantes ou grotesques, de singuliers visages nous apparaissent. Il est vrai que quelquefois de hideux cauchemars nous bouleversent en nous laissant dans une telle épouvante que nous avons toutes les peines du monde à reprendre nos esprits.

Mais secouons-les au plus vite, et quand nos rêves sont aimables, rêvons le plus longtemps possible.

Revenons à ce merveilleux silence qui se fait quand le crépuscule nous a dit adieu. Tout semble s'assoupir. Tout repose.

Un seul bruit se fait entendre; c'est l'horloge qui annonce l'heure. On dirait qu'elle veut nous avertir que si tout dort dans la nature, seule, elle ne doit jamais s'arrêter.

C'est bon, c'est bon, madame, nous le savons depuis longtemps.

Remarquez-vous aussi avec quelle prévoyance Dieu, qui a donné aux nuages la mission de nous ser-

vir d'écran devant les ardeurs du soleil, les a ren-
dus, en général, transparents devant la lune dont
la douce lumière n'est que voilée par eux?

Et avec quelle bonté il nous a fait cadeau de
ces milliers d'étoiles dont la faible lumière nous
permet souvent de voyager la nuit sans craindre de
nous casser la tête contre un mur ou contre le premier arbre du chemin !

Il est encore une chose assez curieuse à observer :
c'est la faculté qu'ont certains animaux de voir
clair pendant la nuit.

Telles sont les bêtes sauvages qui vivent dans
d'obscures cavernes et qui n'en sortent qu'à l'heure
où le soleil est couché, heure précise où, d'ordinaire, l'homme se tient renfermé chez lui.

Cette remarque, vous pouvez la faire sur un chat.

Le matin, sa pupille est un peu dilatée.

A midi, on la distingue davantage. Et il n'y a
guère que la nuit qu'elle s'ouvre tout à fait.

Aussi, gare aux souris!

Pourquoi en est-il de même des oiseaux noc-
turnes?

Dieu sait, pendant que nous dormons, quel car-
nage se fait dans les bois où de bons petits oisil-
lons tâchent de les éviter, en cherchant un refuge

dans un vieux tronc ou dans un nid abandonné.

Cette *chouette* aux gros yeux ronds, ce chat-huant à l'aspect sinistre, ne vous inspirent-ils pas de l'effroi?

Sans doute, il peut être intéressant d'étudier leurs mœurs, leurs habitudes.

Quant à les aimer, non.

Il est encore une vérité, car les vérités ne finissent pas dans la nature : c'est qu'en général tout ce qui fuit la lumière, tout ce qui s'agite dans l'ombre est méchant.

Voyez cet homme, à minuit, rôdant dans les bois; si ce n'est pas un voyageur égaré, c'est un malfaiteur à coup sûr.

Oui, il y a de détestables bêtes que Dieu a créées dans un but que j'ignore, si ce n'est pour nous servir d'épreuves et pour éveiller sans cesse une prudence qui s'engourdirait.

Ces bêtes-là, en général, aiment l'ombre et se tiennent cachées; de même, il est des humains qui ont besoin des ténèbres pour accomplir leurs mauvaises actions.

Hélas! que de crimes se commettent la nuit!

Mais en même temps que d'obscures vertus s'y manifestent!

Je ne parle pas du savant, de l'historien, du poëte qui travaillent tous. Si c'est un peu pour la gloire, c'est aussi bien souvent au profit de l'humanité; combien d'œuvres mûrement élaborées surgissent du sein du silence!

Je le dis à regret, pour la plupart de ces intelligences, le calme de la nuit est nécessaire.

Nul bruit du dehors ne vient détourner leurs pensées.

Le jour, on est l'esclave du monde, de la famille, on se doit à ses amis, à ses affaires, à tout.

La nuit, on est son maître, et les idées viennent d'elles-mêmes quand on a pris l'habitude de veiller.

Mais s'il nous était possible de choisir nos heures, combien celles du matin seraient préférables, surtout l'été!

Hélas! on n'a pas tous les courages. Celui d'imprimer de bonne heure à sa vie de saines habitudes manque parfois.

Je dis que je le déplore, parce que la plupart du temps, quand les besoins de la nature sont intervertis, c'est presque toujours aux dépens de la santé.

Le moins que nous puissions faire, c'est de

plaindre ces esprits courageux; c'est d'admirer leurs ouvrages, de goûter leurs beaux vers; c'est de reconnaître les bienfaits d'une invention utile.

Et pour finir, n'admirerons-nous pas cette bonne mère assise près d'une lampe ?

Elle veille pour que son travail donne du pain à toute sa famille.

Une autre ne quittera pas le chevet de son enfant malade.

Une pauvre fille se consacrera jour et nuit aux soins que réclame un père infirme, une mère indigente.

Oh ! mes bons amis! s'il se passe la nuit des actions honteuses pour l'humanité, combien plus, si nous étions informés de tous les dévouements qui s'y accomplissent, nous aurions de sublimes actions à inscrire dans l'histoire!

ÉCLIPSES

Mes chers enfants, on entend par *éclipse* un objet caché par un autre.

Si votre mère, plus grande et plus forte que moi, me cache derrière elle, je deviens éclipsée à vos yeux.

Si, plus mignonne ou plus petite, elle laisse voir le bout de mon oreille ou le sommet de mes cheveux, je suis bien encore éclipsée, mais pas tout à fait.

Dans le premier cas, c'est une *éclipse totale.*

Dans le second, c'est une *éclipse partielle.*

Eh bien! il en est de même du soleil, de la lune, de la terre et des étoiles qui, voyageant ensemble, ne peuvent pas manquer de se cacher quelquefois les uns derrière les autres.

La lune, par exemple, qui tourne sans cesse autour de nous, se trouve tantôt entre la terre et le soleil.

Tantôt c'est la terre qui se trouve entre le soleil et la lune.

Tantôt ce sont les étoiles qui jouent à cache-cache.

Mais les *éclipses* ne peuvent avoir lieu, bien entendu, que lorsqu'un astre est précisément caché par un autre.

Aussi ce n'est qu'au moment des nouvelles lunes qu'il y a *éclipse de soleil*.

De même ce n'est que dans celui des plines lunes qu'il y a *éclipse de lune*.

Il semblerait tout naturel qu'il y eût éclipse tous les mois, puisque à peu près tous les mois le soleil et la lune ont l'air de se placer un peu l'un devant l'autre; mais ils ne le sont que de côté.

J'aurais beau me dissimuler derrière votre mère, si je le fais en m'écartant d'elle, vous ne me perdrez pas de vue, il n'y aura pas d'éclipse.

Voilà ce qui arrive pour les astres.

Quand il arrive que la lune est exactement et tout à fait entre le soleil et la terre, j'imagine que ce pauvre soleil est bien caché. C'est alors qu'il y a une éclipse totale de soleil.

Mais si, à l'opposé, c'est la terre qui se place

juste entre le soleil et la lune, vous comprenez sans
peine que c'est la pauvre lune
qui est éclipsée par nous qui la
cachons.

Il y aura encore là une *éclipse
totale de lune*.

Ce n'est que lorsqu'on voit un
petit bout d'oreille à tous deux,
ou une petite partie de leur joue,
qu'on dit qu'il y a une *éclipse
partielle*.

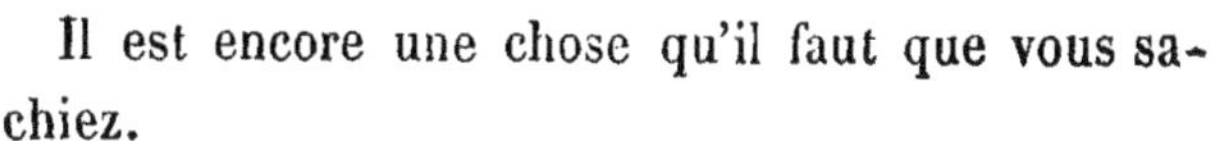

Je crois que vous avez compris.

Il est encore une chose qu'il faut que vous sachiez.

Lorsque le soleil éclaire la terre d'un côté,
comme il le ferait d'une boule, l'autre côté donne
nécessairement son ombre, absolument comme
l'arbre donne la sienne sur le chemin.

Cette terre a beau être grosse, grande, et se
mouvoir dans l'air, elle n'en projette pas moins
son ombre ; seulement elle la projette dans l'espace,
et cette ombre est immense, comme vous le pensez
bien.

Cette ombre s'appelle *cône*.

Elle s'appelle *cône* parce qu'elle se termine un peu en pain de sucre ; mais cette ombre va si loin, si loin, qu'elle n'a pas de peine à dépasser la lune et même à l'envelopper très-souvent.

Ne croyez pas pourtant que la terre seule ait son ombre.

La lune, comme tous les corps solides, a la sienne aussi.

Toute petite que soit cette ombre de la lune, la terre y est quelquefois engagée.

On appelle *éclipse annulaire* celle qui permet de voir encore les bords de l'astre qui est caché.

Quand le disque de la lune ne cache pas en plein le disque du soleil, le soleil fait l'effet d'un globe lumineux sur lequel on aurait mis une plaque noire et ronde plus petite que lui.

Mais quelle que soit en général l'obscurité où nous jettent les véritables éclipses du soleil, elle n'est jamais tout à fait complète, parce que les astres projettent toujours autour d'eux et dans l'espace des lueurs qui suffisent à éclairer un peu. Ce qui n'empêche pas les animaux de s'en effrayer, et les poules d'aller rapidement se coucher.

Ce qui fait honneur à l'observation des hommes, c'est que, attendu la régularité de la marche des astres, les astronomes peuvent prédire l'année, le jour, l'heure et même la minute d'une apparition d'éclipse, sans qu'il y ait jamais d'erreur.

En Chine, où l'on traitait gravement ces questions, les savants qui ne pouvaient pas prédire leur arrivée ou qui se trompaient de date étaient mis à mort, tout simplement.

Cette coutume par trop orientale tenait à ce que les Chinois notaient les éclipses pour marquer de certains événements. Aussi sérieux que leurs magots, ils inscrivaient avec un soin religieux le nombre des éclipses; et c'est grâce à cette nomenclature que nous avons la preuve de l'ancienneté de leur empire, qui remonte à plus de cinq mille ans.

En Sicile, l'admiration pour ceux qui calculaient exactement ces apparitions était telle, qu'on leur donnait des sommes fabuleuses.

Aujourd'hui, cela va tout seul, nous ne sommes même plus étonnés de ces prodiges de la science.

Ah! mes enfants, s'il fallait recommencer les travaux accomplis; si, oubliant tout ce qui a été découvert par nos devanciers, il fallait refaire la science au lieu de nous éclairer à son flambeau, nous serions cruellement embarrassés, même quand il resterait à notre service les admirables instruments qu'on a si habilement perfectionnés, depuis ceux que construisit en Hollande un brave opticien dont le nom m'échappe. On raconte que lorsque les verres de ses lunettes n'étaient point parfaits, il les jetait dans un coin où précisément jouait son petit garçon. Cet enfant eut l'idée de placer ces verres les uns devant les autres, les éloignant et les rapprochant tour à tour, prenant pour point d'observation le coq du clocher voisin. Soudain il s'aperçoit que ce coq devient énorme, il pousse un cri d'exclamation; l'opticien regarde à son tour. Émerveillé de cette découverte, il étudie, travaille, et la lunette d'approche ou le télescope est trouvé.

Grâce à lui, nous lisons dans les cieux.

COMÈTES

Il n'y a pas encore bien longtemps qu'un astronome de Charles-Quint (les empereurs avaient alors leurs astronomes) croyait que les comètes se tenaient toutes tranquilles et ramassées dans un coin du ciel, attendant l'ordre du maître pour se montrer et faire leur cour. Il n'était pas fort en astronomie, comme vous voyez et comme vous l'allez voir ; car ce même savant, ayant sottement prédit qu'il mourrait tel jour, fut obligé de se laisser mourir de faim pour ne point démentir sa prédiction et ne rien perdre de sa gloire.

Bien des gens, sans être trop ridicules, ont eu peur des comètes ; ils s'imaginaient qu'un jour ou l'autre elles devaient heurter notre globe. Il n'y avait pas trop là de quoi rire ; mais Babinet, cet homme si instruit que la science vient malheureusement de perdre, a parfaitement démontré que toute la matière d'un de ces astres ne pesait pas autant que le peu d'air qui serait renfermé dans une grande bouteille; et qu'un choc, s'il devait avoir lieu, ne serait pas beaucoup plus à redouter que celui provenant d'une bulle de savon, *toute proportion gardée.*

Voilà certes qui est rassurant.

Les comètes ne sont pas des planètes, ce sont des astres composés d'une matière vaporeuse et incandescente (incandescent veut dire : état d'un corps quelconque chauffé jusqu'à être tout blanc et très-lumineux); mais cette matière est en même temps si transparente qu'on peut voir le ciel au travers.

La tête ou le centre d'une comète est un noyau éclatant semblable à une espèce d'étoile qui serait enveloppée d'une chevelure. A partir de la tête on voit une traînée lumineuse; c'est la queue. D'ordinaire elle est immense; quelquefois les comètes en ont plusieurs. Est-ce pour cette raison que les Chinois leur donnent le nom de Balai? Cette queue, d'ailleurs, serait-elle au contraire un signe de noblesse? Peut-être, car toutes n'en ont pas.

Serait-ce affaire de mode? Ce qu'il y a de sûr, c'est qu'en 1744 apparut une comète, la reine des comètes, qui n'avait pas moins de six queues disposées en éventail; et elle se promenait orgueilleusement en l'étalant, ni plus ni moins que font les paons.

Les comètes ont cela de particulier, qu'avec une

Comète.

fort grande impertinence elles apparaissent tout à coup sans se faire annoncer et quittent le ciel sans nous dire seulement adieu.

Au reste, elles circulent avec une allure tout à fait fantastique; si déjà nous ne les connaissions pas un peu, on les prendrait pour des insensées;

d'autant qu'en apparence leur marche est irrégulière; puis elles franchissent avec leurs chevelures et leurs queues des distances tellement incommensurables qu'il est impossible de déterminer la longueur de la courbe qu'elles font dans le ciel. Mais cette chevelure, dont elles sont aussi fières que de leurs queues, ne se déploie guère que devant le soleil. Elle est de sa nature sans éclat, et n'a de lumière que celle qu'elle reçoit de lui. Le nombre des comètes est si grand qu'on en a déjà compté plus de cinq cents. Vous voyez que les astronomes ont eu de la besogne.

A Rome, en 1550, quand cette ville fut prise et saccagée par les Barbares, le peuple ne manqua pas d'attribuer ce funeste événement à l'apparition d'une comète. Une autre vint en 1805, et mit, à ce qu'il paraît, toute l'Europe en émoi. La terre avec ses habitants devait, disait-on, être bouleversée de fond en comble. Je vous laisse à penser la peur! Chacun de décamper au plus vite; les uns s'imaginant, je ne sais pourquoi, que l'Amérique serait épargnée, encombraient les vaisseaux, et pendant le voyage préparaient tous les deuils qu'ils devaient porter; d'autres, empressés de se réconcilier avec le bon Dieu, se recueillaient dans leur repentir, accommodaient leurs consciences, et donnaient tous leurs biens aux pauvres, sans songer que ceux à qui ils les distribuaient n'en auraient pas plus besoin qu'eux-mêmes. D'autres enfin, et c'est le plus grand nombre, en devinrent fous.

Bah! la comète arriva bien comme on l'avait prédit, mais à deux millions de lieues, tandis que cette pauvre sottise humaine, toujours si près de nous, était cause de tout ce remue-ménage.

En 1811, nous eûmes un été excessivement chaud; une comète survint par hasard, vite on se dépêcha de lui mettre sur le dos l'extrême chaleur de cette saison.

En 1835, il n'y a pas longtemps de cela, une grande sécheresse ayant désolé quelques provinces de France, on s'empressa de l'attribuer à une comète qui venait de se montrer. Mais aujourd'hui, comme on a constaté que quatre comètes s'étaient vues successivement sans apporter la moindre perturbation sur notre globe, il est bien prouvé qu'elles n'ont aucun pouvoir.

Quand donc le peuple sera-t-il éclairé? Quand sera-t-il détaché de la superstition? Quand ne jugera-t-il plus des choses par l'imagination ou les apparences, et ne prendra-t-il plus des vessies pour des lanternes?

Il est une grande vérité, mes enfants, c'est que trop souvent, au lieu de chercher la cause d'un fléau dans le fléau lui-même, on aime mieux en jeter la responsabilité sur une influence étrangère. Cela s'est vu trop souvent, et cela a causé bien des injustices et bien des désordres.

Quelques comètes ont des retours prédits d'avance. Peut-être un jour ou l'autre verrons-nous notre globe traverser un de ces astres, absolument comme le cheval de Franconi crève et traverse un tambour recouvert d'une mince feuille de papier; ce qui est certain, c'est qu'elles viennent de fort loin, d'un même point du ciel, et qu'elles apparaissent d'ordinaire en août et en novembre.

Il est encore quelques astronomes qui pensent que peut-être... il ne serait pas impossible, le cas échéant de la visite d'une comète, que nous fussions bombardés par une pluie de bolides, d'aérolithes, d'étoiles filantes, etc...

Ce que nous savons surtout, c'est que les comètes,

comme tout ce qui a été créé, obéissent à la loi de
Dieu, et que s'il convient à notre maître, pour
une cause ou pour une autre, de nous infliger un
cataclysme, nous devons, comme la matière même,
nous soumettre et nous résigner.

LES ÉTOILES

Le jour fuit, de l'airain les paisibles accents
Rappellent au bercail les troupeaux mugissants.
Le laboureur lassé regagne sa chaumière.
Du soleil expirant la tremblante lumière
Délaisse par degrés les monts silencieux.
Vénus est parmi nous.

GRAY.

J'ai toujours eu, vous le savez, mes enfants, un faible pour les bergers, non pas ceux qui, portant fleurs à leur houlette, épient le moment de les offrir à de jeunes bergères, mais les vrais bergers du temps passé, les véritables pasteurs. Ceux-là étaient graves, sérieux, n'ayant rien de mieux à faire pendant leurs longues nuits que de garder leurs troupeaux, d'observer le ciel et de se rendre compte de la marche des astres. Ce sont bien eux qui nous donnèrent les premières notions d'astronomie. Plus tard sont venus les explorateurs de cette science; d'autres, encore plus habiles, ont profité des premières études faites; car il est plus facile, mes amis, d'allumer mille flambeaux à la lumière d'un seul, que de faire naître la lumière au premier, comme disait si bien M. Babinet.

Mais il y a loin de cet esprit simple et méditatif à notre esprit investigateur et altéré de connaissances.

Et cependant, si toutes nos découvertes ont leur splendeur, si elles nous affranchissent de l'ignorance, si elles amènent à leur suite tant de bien-être, de jouissances de toute nature, n'y a-t-il pas aussi quelque danger à ouvrir tant de routes à notre curiosité?

Que les sages décident; moi, je trouve les bergers plus heureux, et pour cause. On dira tout ce qu'on voudra, si l'on me donnait le choix d'être bergère ou le plus illustre des géomètres, je n'hésiterais pas : je préférerais garder les moutons.

Je ne dis pourtant pas qu'il ne soit très-intéressant de savoir que toutes ces petites étoiles qui scintillent dans le ciel sont autant de soleils plus ou moins grands que le nôtre et soumis aux mêmes lois; de savoir que l'une d'elles est si éloignée de nous, que sa lumière met dix ans à nous parvenir; qu'une autre bien plus éloignée en mettra cent, une autre mille; en sorte que si, par une raison quelconque, elles disparaissaient du firmament, nous serions dix ans, cent ans, mille ans à nous en apercevoir.

N'est-ce pas l'infini, et l'infini dans l'infini?

Et leur nombre! Voilà pour le coup un autre infini ; car les infinis sont partout dans la création.

Croiriez-vous, mes enfants, qu'à l'œil nu on peut compter cinq mille étoiles, trente-trois mille à l'aide d'un télescope, et dans la voie lactée, cette immense zone blanche qui traverse la moitié du ciel, plusieurs millions? Qu'est-ce encore que cela à côté de ces nébuleuses où les astres sont comme entassés les uns sur les autres?

Ne dirait-on pas que Dieu a semé les mondes comme il a semé les grains de sable, comme il a semé la poussière?

On sait aussi qu'il y a des étoiles doubles courant l'une après l'autre, tantôt en vingt-quatre heures, tantôt en vingt-cinq mille ans. Tout cela confond l'imagination.

Que de fois, le soir, au bord de ma fenêtre, en face d'un beau ciel, n'ai-je pas rêvé que sur ces mondes lointains, d'autres créatures, dont je ne

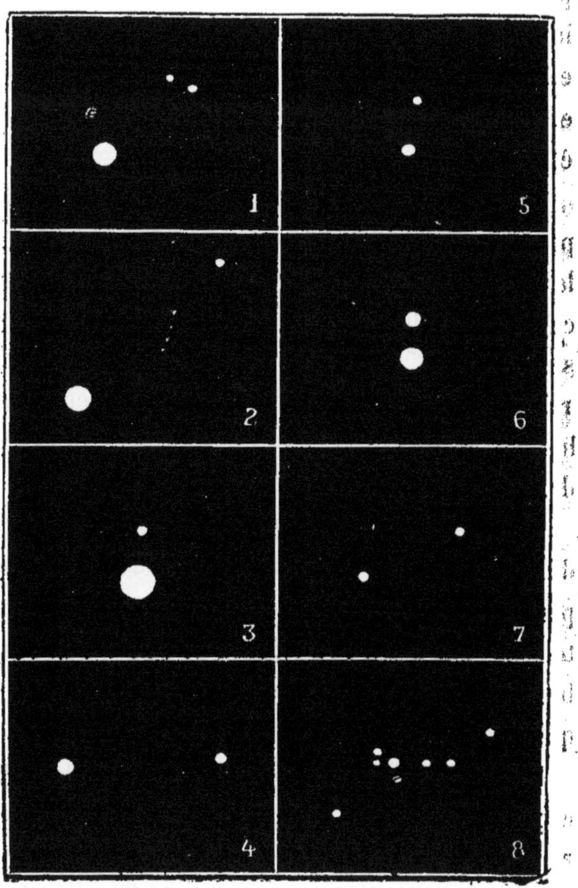

1. γ Andromède. — 2. η Persée. — 3. α Hercule. — 4. ε Pégase. — 5. 32 Éridan. — 6. δ Serpent. — 7. 61ᵉ du Cygne. — 8. Amas de la Croix du Sud.

pouvais définir l'existence, devaient vivre d'une vie intelligente! Oui, elles doivent exister, pensais-je, elles doivent exister! Peut-être l'une d'elles fait-elle en ce moment la même réflexion que moi! Peut-être!

Puisque des milliers de soleils sont chargés de porter comme le nôtre la lumière et la chaleur dans les gouffres sans fond de l'abîme éthéré, ne serait-ce donc que sur la pure matière que ces bienfaits seraient répandus? Quoi! tous ces soleils n'éclaireraient que de la terre, de la boue, rien! Quoi! la lumière divine qui se répand chez nous ne se répandrait pas aussi dans tous ces mondes!

Et de cette réflexion, et de ces conséquences, je déduisais cette vérité consolante que nous ne sommes pas seuls dans l'espace, que tout doit vivre, que tout doit concourir à la recherche du vrai et du beau moral, dont nous n'avons encore peut-être que les pressentiments.

Et je me pris d'amour pour ces étoiles, je voulus apprendre le nom de quelques-unes, et nous en reparlerons un jour ensemble afin que par une belle nuit, si vous jetez les yeux sur le firmament, vous sachiez à qui vous parlez, et que ces charmantes étoiles ne vous apparaissent pas comme des étran-

gères, devant lesquelles on passe sans daigner faire
un salut.

Mais laissons la science aux savants, car la variété des mouvements des astres, ce déplacement
qui s'opère sans cesse, rendent les observations si
lentes à vérifier qu'il y faut quelquefois toute la vie
d'un homme. Le peu que je vous en dirai aura, je
crois, assez d'attrait.

Apprenez donc que parmi elles, il s'en trouve
beaucoup de colorées. Ce sont des topazes, des sa-
phirs, des émeraudes, des rubis, véritable écrin
du bon Dieu. Mais ce qu'il y a de piquant, c'est
que les habitants des planètes de ces étoiles se
trouvent, à cause de cela, avoir des jours et des
lumières de trente-six couleurs.

Toutes ces étoiles, on les appelle fixes, parce
qu'elles se trouvent à des distances si incommensurables que leur mouvement n'est pas sensible :
tel est l'homme qu'on aperçoit sur de hautes
montagnes éloignées ; il n'a pas l'air de bouger,
et cependant il marche.

Ce ne sont pas non plus les plus mignonnes en
apparence qui sont les moins grosses. Un énorme
boulet vu de loin vous semblera plus petit que

la bille que vous tenez dans la main, n'est-il pas vrai ?

Il en est de même des étoiles ; elles semblent garder pour nous les mêmes positions, quoiqu'elles se meuvent sans cesse dans l'espace comme les poissons se meuvent dans l'eau.

Les astronomes qui savent quelque chose de

Nébuleuses.

ce qui se passe là-haut disent que les *nébuleuses* et la *voie lactée* sont composées de corps gazeux qui brillent de leur propre lumière et d'une matière éthérée, diffuse, agglomérée, qui, en se condensant, c'est-à-dire en prenant plus de consistance, font naître de nouveaux soleils.

Oui, mes enfants, on dit que toutes ces petites taches blanches que vous voyez réunies en nébuleuses et que les païens attribuaient à des gouttes de lait que Junon, reine du ciel, aurait répandues en allaitant son fils, ces nébuleuses, cette voie lactée ne seraient, à ce qu'on croit, que des laboratoires où les mondes prennent naissance.

C'est ainsi qu'un soleil aurait apparu en 1572, un autre en 1604, et notre soleil lui-même ne serait qu'une partie de cette *voie lactée,* et non-seulement lui, mais la terre et la lune. Qu'en pensez-vous?

Il faut être un savant pour parler de ces choses-là, pour affirmer que le soleil, tout grand qu'il est, représente dans le ciel une insignifiante étoile, et la terre une parcelle de poussière. Je vous laisse à conclure ce que sont ses habitants.

C'est égal, toute poussière que je sois, je le sais, et ce peu que je sais me fait plaisir.

Les étoiles, mes enfants, sont des centaines de milliers de fois plus éloignées de nous que nous ne

le sommes du soleil; et leur lumière met à nous
parvenir jusqu'à soixante-dix-sept mille lieues par
seconde. Vous jugez ce qu'il a fallu de temps à ces
pauvres étoiles pour naître et pour grandir, des
milliers de millions de milliards de siècles.

Allez donc égarer votre imagination dans ce dé-
dale de chiffres et d'infinis!

Et pourquoi cette puissance sans limite, éternelle, ne nous écrase-t-elle pas? C'est que Dieu a
bien voulu descendre jusqu'à nous en nous donnant
l'intelligence, et qu'il a permis à cette même intelligence de s'élever jusqu'à lui.

LES PLANÈTES

Il est bon que vous sachiez, mes enfants, que les planètes ne sont à nos yeux que des étoiles errantes, que tous les soleils en possèdent probablement, comme la plupart des planètes possèdent plus ou moins de lunes.

Tout cela s'attire, tout cela s'équilibre, et, comme je ne peux pas m'imaginer que les soleils aient été créés pour nous seuls, je suppose que les planètes, qui sont évidemment nos sœurs, doivent être habitées d'une certaine façon.

Le moyen de faire connaissance avec les étoiles! elles sont si loin de nous! Parlez-moi des planètes! on sait ce qu'elles font, ce qu'elles ne font pas; elles n'ont rien de caché pour nous.

Trouvez-moi beaucoup d'amis dont on puisse en dire autant!

Aussi, tout est plaisir avec elles; on peut, sans trop de fatigue, apprendre leur histoire; mais, comme elles *gravitent,* c'est-à-dire, marchent toutes d'une manière très-sensible, on ne les voit pas toujours au ciel occuper la même place; chacune se meut selon les lois qui lui sont propres, chacune se comporte différemment.

La première, par ordre de proximité du soleil, s'appelle *Mercure,* puis viennent *Vénus, Mars, la Terre, Jupiter, Saturne, Uranus, Neptune.*

Commençons par Mercure. Sa surface est parsemée de montagnes; son atmosphère, chargée de vapeurs aqueuses, annonce la présence de quelque océan. Cette vapeur existe probablement pour le défendre des ardeurs du soleil.

Quoique quinze fois plus petite que nous, on sait que cette planète met vingt-quatre heures à gambader autour de son seigneur et maître; ce qu'on sait encore, quoiqu'elle soit bien loin de nous, c'est que c'est un fort joli pays, chaud et humide, où il doit faire bon pour les poitrines délicates.

Engagé souvent dans les rayons solaires, Mercure ne se montre guère un peu que le soir et un peu le matin; et encore! il est presque toujours caché par les lueurs du crépuscule ou de l'aurore.

Copernic, un de nos anciens astronomes, gémissait, dit-on, en mourant, de n'avoir jamais vu Mercure. Nous sommes plus heureux; nos instru-

ments, meilleurs que ceux de ce temps-là, permettent de distinguer autour de lui une large ceinture qu'on attribue à des nuages, d'admirer sa
vivacité, son éclat, et même d'assister à l'éruption
de ses volcans qui sont fort beaux.

Son gentil croissant se montre au commencement d'octobre, tout près de l'Orient, et, vagabon-
dant, revient se faire voir en décembre, en suivant
le soleil à l'état de petite étoile rouge.

Faisons, mes enfants, la révérence à Vénus, cette

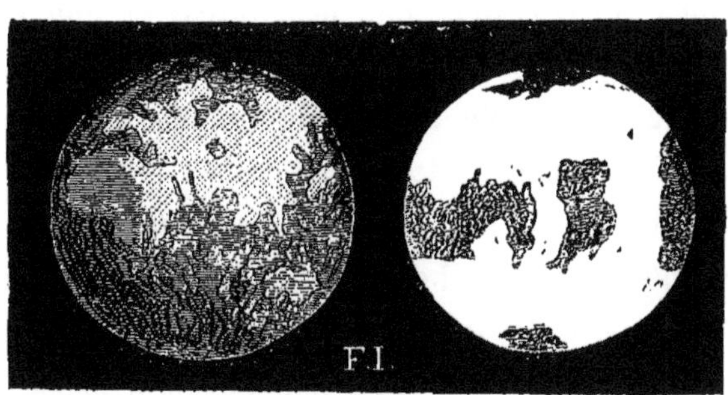

Vénus.

rondelette et mignonne planète, qui n'est qu'à cin-
quante-quatre millions de lieues de nous et qui,
quoique toute belle, fait très-prosaïquement sa pi-

rouette en un jour et une nuit et ses quarante **mille**
lieues à l'heure avec son fardeau de montagnes.

Elle fait bien de se hâter, car le chemin **que**
Dieu lui a donné à parcourir est de cent soixante-
huit millions de lieues.

Vous voyez que dans la science astronomique on
ne parle que par mille et millions. C'est l'usage ; ne
vous en effrayez pas.

Quand nos anciens la voyaient le matin, ils la
nommaient *Lucifer* ou *porte-lumière ;* le soir, ils
l'appelaient *Vesper*.

Quoique sa lumière et sa chaleur soient deux
fois plus considérables que les nôtres, et que la
Terre soit au moins neuf fois plus grosse qu'elle,
Vénus lui ressemble et possède comme elle une
chaude atmosphère.

Tantôt elle se fait appeler *Étoile du Berger*,
parce qu'elle vient à l'heure où les moutons sortent
de l'étable et courent aux champs ; tantôt *Étoile du
soir*, parce qu'elle arrive au moment où le laboureur fatigué rentre chez lui.

Son éclat, qui vient de sa proximité du soleil et
de sa surface un peu inégale, est brillant et doux
à la fois, et elle est si blanche, qu'à de certaines
époques on la voit clairement en plein jour ; alors

on peut distinguer sur son disque de petites taches
noires qui ne la déparent pas.

La Terre, mes enfants, est une trop vieille et
trop intime connaissance pour que je vous en parle

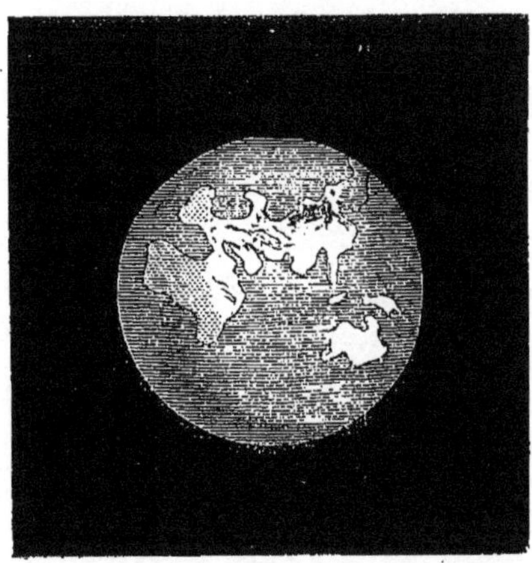

La Terre.

longuement. Il faudrait d'ailleurs être sur la lune
pour bien voir tout ce qui se passe sur notre globe.
Qu'il vous suffise de savoir qu'elle est à trente-huit
millions de lieues du soleil, et que, pour mesurer
sa taille, il faudrait un cordon de la longueur de
neuf mille lieues. Quant à sa lumière, la lune n'a

pas à s'en plaindre, puisqu'elle vaut treize fois la sienne.

D'abord, il est toujours malséant de faire son

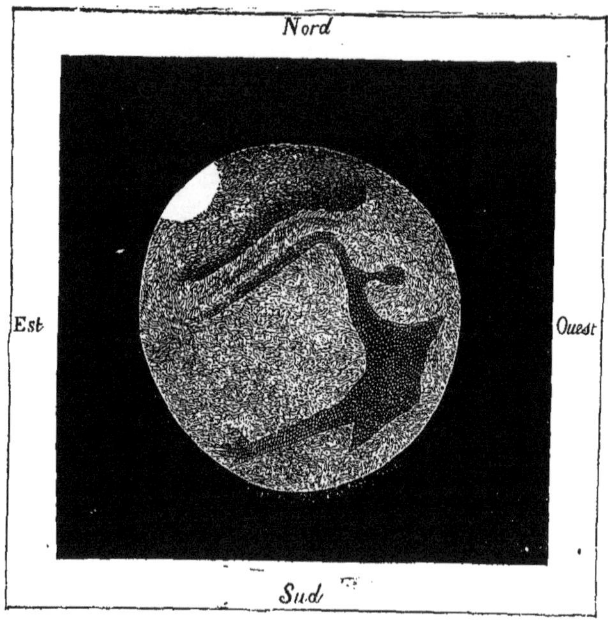

Mars.

propre éloge. Vous pouvez bien vous figurer ce que serait la Terre, vue de l'espace. Des taches brillantes marquant les continents, des taches sombres indiquant les mers, des taches mobiles montrant les nuages, d'autres blanches et fixes signifiant les neiges et les glaces, et faisant voir où sont les pôles. Tout cela doit être fort intéressant à contempler.

Mars, dont le troisième mois du calendrier porte le nom, et qui n'a de particulier que la couleur de sa terre qui est très-rouge et qui l'a fait surnommer le *Charbon ardent*. Quelques taches d'un bleu ou d'un gris verdâtre le sillonnent. Pas de montagnes; des mers, des nuages un peu sombres, et à ses pôles, aplatis comme les nôtres, un tel amas de neiges et de glaces que sa température doit être très-rigoureuse.

Mars est six fois moins gros que la Terre; il marche presque aussi vite et s'en trouve éloigné d'une distance qui varie entre vingt et cent millions de lieues, ce qui ne nous empêche pas d'assister à la fonte de ses glaces, à ses ouragans terribles, à ses inondations périodiques, à toutes ses vicissitudes.

Saluons Jupiter. Ce géant de notre système planétaire est à considérer. Roi du ciel, disaient les païens, roi des coureurs, dirait-on mieux, car il marche vingt-quatre fois plus vite qu'un boulet de canon.

Et cependant, on sait que cette planète est composée de matières fluides ou gazeuses. Donc, elle a une atmosphère.

Pour nous, qui sommes chrétiens, il n'est roi que par la taille, et son pouvoir ne me fait pas peur.

Jupiter et ses satellites.

Treize cents fois plus gros que la Terre, il fait sa pirouette en dix heures seulement, et en douze ans sa révolution autour du soleil, qui n'est pas à moins de douze cents millions de lieues de lui.

Ce n'est pas tout. Ce globe important se fait suivre dans sa marche par quatre satellites (vous savez que ce mot veut dire soldat) qui lui rendent perpétuellement leurs hommages. Ce sont de grandes lunes dont les astronomes tiennent compte.

Jupiter, d'ailleurs, par son éclat, sait se faire res-
pecter et admirer, tout comme le roi Louis XIV, de
brillante et mémorable mémoire.

Son disque est orné de bandes croisées du plus
bel effet. Elles sont attribuées à l'existence de vents
réguliers. Éloigné du soleil, dont il ne brigue guère
les faveurs, sa terre est si légère, qu'en y posant
le pied on y enfoncerait. Peu de lumière, encore
moins de chaleur. Si vous le cherchez au ciel, tour-
nez vos yeux du côté de l'Orient.

Voulez-vous maintenant considérer Saturne,
presque aussi gros que Jupiter, quoique sa lumière
soit faible, pâle et plombée?

Est-ce pour sa fâcheuse apparence que les astrologues trouvaient cette planète malfaisante, ennemie
de l'homme et des créatures? Plus éloignée encore
du soleil que Jupiter, il est évident qu'il n'y doit
faire ni chaud, ni clair, ni bon! Vous n'avez qu'à
voir ses pôles couverts d'un amas de neige considérable.

Il s'y trouve une atmosphère, mais extrêmement
froide. Quant à sa terre, elle est, dit-on, si peu

ferme qu'elle ressemble à du liége. Saturne ne s'en
fait pas moins escorter par sept jolies petites lunes

Saturne et son anneau.

qui caracolent autour de lui le plus gracieusement
du monde.

Ce qui distingue surtout Saturne des autres planètes, c'est ce bel anneau qui l'entoure d'un peu loin, composé de trois bandes plates inégales en largeur et assez minces. Celle du milieu, plus brillante, est d'une couleur toute différente des autres.

Qu'il doit être singulier pour ses habitants de voir toujours au-dessus de leur tête ces éternels anneaux, ce demi-cercle si beau, si grand! N'ont-ils pas peur qu'un jour ou l'autre une immense dislocation ne se fasse de ces anneaux? Quant à moi, j'avoue que je ne serais pas tranquille, et je pense que vous seriez de mon avis.

Si vous aimez les chiffres, rappelez-vous que de la terre à Saturne il n'y a pas loin de trois cent cinquante millions de lieues.

Voilà le triste et grave Uranus qui vient vers nous avec ses sept lunes. Oui, sept lunes! On a cru voir sur lui un anneau comme à Saturne, mais cela ne paraît pas prouvé. Son seul titre de gloire est d'être sans tache, d'un éclat uniforme, et de se présenter à nous tout l'hiver sans autre prétention que d'être quinze fois plus gros que la Terre.

Il est cependant bon marcheur aussi; car il fait ses cent cinquante-cinq mille lieues à l'heure. C'est beaucoup; et il met quatre-vingt-dix ans pour accomplir sa promenade autour du soleil. C'est long.

Il y a encore une planète : Neptune; celle-là possède une lune. On n'en sait pas trop sur son compte, sinon qu'elle est éloignée de nous de plus d'un milliard cent dix millions de lieues et qu'elle met cent dix-sept ans à tourner autour du soleil.

Entre Mars et Jupiter sont aussi logées quatre petites planètes assez insignifiantes, malgré leurs superbes noms.

On pense généralement qu'un jour une grosse planète éclata comme un obus, et, en éclatant, lança dans l'espace ses débris qui, aussitôt, se mirent à tourner sur eux-mêmes. Ces débris, au nombre de quatre, reçurent les noms de Cérès, Pallas, Junon et Vesta, et prirent résolûment le rang de planètes.

Ce qu'il y a de charmant dans ces petits astres, comme dans plusieurs autres, c'est qu'ils circulent dans l'espace comme ferait un essaim d'abeilles! Ils vont, viennent, se séparent, se réunissent; mais en raison d'une vaste et puissante atmosphère qu'on leur suppose, combinée avec une certaine force d'attraction, il serait possible, si on les habitait, d'y

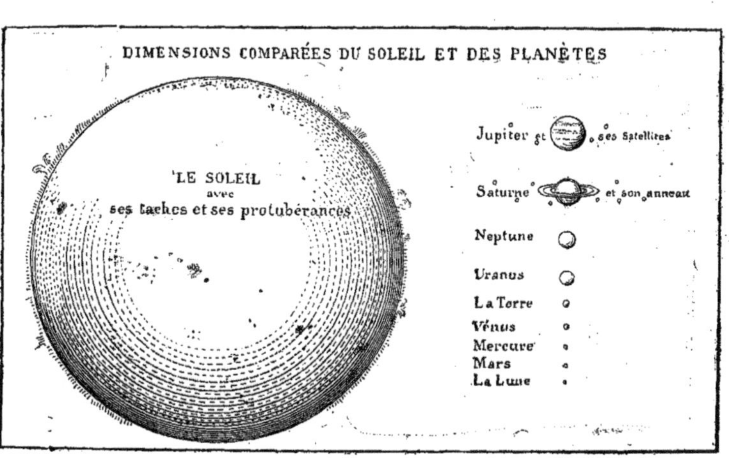

DIMENSIONS COMPARÉES DU SOLEIL ET DES PLANÈTES
LE SOLEIL
avec
ses taches et ses protubérances
Jupiter et ses Satellites
Saturne et son anneau
Neptune
Uranus
La Terre
Vénus
Mercure
Mars
La Lune

tomber d'un quatrième étage sans se blesser, ni plus ni moins que si l'on sautait d'une table.

Souvenez-vous, mes enfants, que c'est le soleil qui attire toutes les planètes qui viennent de passer sous vos yeux, y compris notre Terre; c'est lui qui tout doucement les emporte dans l'espace, et cela parce qu'il est incomparablement plus gros qu'elles.

Mais où donc va-t-il? me direz-vous. Ah! mes bons amis, ne me faites jamais de ces questions-là. Dieu, qui nous a donné toute capacité pour l'adorer et l'admirer, ne nous en a pas donné pour connaître les routes et le but de la création.

Ce qu'il y a de sûr, c'est que lorsque j'observe et contemple toutes ces choses, j'éprouve un sentiment étrange; ma pensée entre comme dans une étendue sans limite. Le grand silence qui se fait dans ces mondes sans fin me dispose à un profond recueillement, et l'admiration qui me saisit est d'une telle nature qu'au lieu de m'écraser, elle élève mon âme jusqu'au plus haut des cieux.

ATTRACTION

L'attraction, comme la pesanteur, est
une affection corporelle et mutuelle
des corps par laquelle ils tendent à
s'unir.

GALILÉE.

Mes chers enfants, il existe *naturellement* dans la
nature des pierres ferrugineuses qu'on appelle *aimant,*
qui sont bien les plus étranges petites pierres qu'on
puisse voir. Croiriez-vous qu'elles ont la propriété
d'attirer à elles diverses matières, comme si véritablement elles les aimaient? Ce qu'il y a de curieux,
c'est que cet aimant qui attire le fer, par exemple,
lui communique par le frottement la propriété d'attirer à son tour d'autres petits morceaux de fer ou
d'acier, tels que des aiguilles, des clous, etc.

Une fois qu'une aiguille est attirée et fixée à ce
morceau de fer aimanté, elle n'en bouge plus. Qu'on
la secoue, qu'on la retourne de haut en bas et de
bas en haut, elle n'en démordra pas.

Eh bien, mes enfants il en est ainsi de la Terre,

qui semble posséder à son centre une grosse pierre
d'aimant. Elle a beau être ronde, tourner sur
elle-même, évoluer autour du soleil, les pieds de
l'homme y restent attachés. Grâce à Dieu, il lui est
permis de bouger, d'aller, de venir, ce que ne fait
pas l'aiguille, mais ce qui fait une mouche sur une
boule; car il n'y a pour elle, sur sa petite sphère,
ni haut, ni bas, ni côtés.

Si l'homme est à cheval, ce sont les pieds du
cheval qui remplacent les siens; s'il est en chemin
de fer, ce sont les roues de la locomotive qui su-
bissent cette loi de l'attraction. Si le cheval ou le
wagon nous jette de côté, ce n'est certainement
pas en l'air que nous resterons; semblable à une
pomme qui se détacherait de l'arbre, notre corps
tombe et roule à terre.

Je dis une pomme, parce que je me souviens
que ce fut le grand *Newton* qui, le premier, en fit la
remarque et conçut, de ce fait si simple en apparence, les lois de la *gravitation universelle*. (*Gravitation* est synonyme de *pesanteur*, d'*attraction*.)
Il comprit que tous les globes s'attiraient les uns
les autres, et ce fut une immense découverte.

C'est cette loi qui fait que ceux qui vivent précisément au-dessous de notre globe n'ont pas la

tête en bas et les pieds en l'air. Car ce sont les pieds et non pas la tête que la Terre sollicite.

Les habitants de la Nouvelle-Calédonie, attirés comme nous, marchent donc sur la Terre précisément comme nous y marchons nous-mêmes.

Voyez encore les oiseaux; quoique conformés pour se soutenir dans l'air, ils ne peuvent y demeurer longtemps sans avoir besoin de se reposer quelque part.

Bien plus; il est démontré que dans le vide, c'est-à-dire dans un lieu bien fermé d'où l'on a pu soustraire tout l'air qui y est contenu, les substances les plus lourdes comme le duvet le plus léger mettent exactement le même temps à tomber.

C'est donc bien la Terre qui attire. A côté de cette force d'attraction, il y a la force de *projection*. Lancez de toute la vigueur de votre bras une pierre vers le ciel. Elle part; mais sans parler d'une légère résistance de l'air, l'ascension de cette pierre va toujours se modifiant, s'usant pour ainsi dire, jusqu'à ce que la force d'attraction, l'emportant sur la force de projection, la fasse redescendre vers la Terre.

Figurez-vous un peu, au moment de la création, un globe lancé dans l'espace. Où ira-t-il? Il suivra naturellement la ligne droite. Mais le voilà qui s'en détourne; il est attiré par un globe plus considérable, et, obéissant aux deux forces qui l'animent, il commence à tracer autour de lui ses révolutions sans fin.

Quelle est donc cette force qui règle si bien sa marche, qui donne des ordres à toutes ces forces, si ce n'est une *force* première et intelligente?

Tous les corps sphériques, sachez-le, mes enfants, ont cette propriété d'attirer à eux, et ce sont les plus gros naturellement qui attirent les plus petits.

Vous comprenez à présent que ce grand seigneur qu'on nomme le Soleil attire à lui victorieusement la Terre avec sa Lune et toutes les planètes entourées de leurs satellites; c'est qu'il est en effet plus gros à lui tout seul que toutes les planètes ensemble.

Une autre force s'exerce encore sur les corps sphériques. Faites tourner très-rapidement une assiette chargée de sable, ce sable sera chassé de tous les côtés; si votre toupie était grosse et qu'elle eût des bras, vous verriez, dans son mouvement de rotation, les beaux soufflets qu'elle vous donnerait.

Cette loi, cette force qui tend à éloigner d'un centre s'appelle *force centrifuge*.

Celle au contraire qui tend à attirer au centre s'appelle *force centripète* ou attraction.

Celle-là, si elle était encore plus puissante, nous rendrait plus lourds. Supposons que nous pesions cent livres sur la Terre, nous en pèserons plus de mille sur le Soleil dont l'attraction est immense.

Il est certain que la pierre qui vous paraît lourde, ne l'est que parce qu'elle veut tomber de votre main, et sur le sol elle sera lourde encore, parce qu'elle se sent attirée vers le centre de la Terre.

Un phénomène des plus curieux de l'attraction est celui que la Terre exerce sur les eaux qui la couvrent.

La Lune a bien le pouvoir d'élever les flots et de produire le *flux*. Mais la Terre aussi a son pouvoir qui les ramène.

C'est le *reflux*.

Et l'ensemble de ces deux mouvements, comme je vous l'ai déjà dit, s'appelle *marée*.

Arrêtons-nous encore un moment sur cette loi de l'attraction.

Une pierre qui tombe, et qui parcourt trois mètres dans la première seconde, va trois fois plus vite dans la seconde suivante, cinq fois plus dans la troisième, et ainsi de suite.

Voulez-vous en faire l'expérience?

Prenez une grande vrille, percez la Terre de part en part en passant par son centre. Est-ce fait? Tâchez que le trou soit bien uni; faites-y tomber une bille. Adieu. Elle dégringolera avec une vitesse dont je viens de vous donner un aperçu, et qui ira en se multipliant de plus en plus. La voici près du centre!... Passera-t-elle? Ne passera-t-elle pas? La rapidité de sa course l'entraine et l'emporte sur l'attraction. Courant comme une folle, elle le franchit et poursuit son voyage en le ralentissant, parce que cette fois elle s'éloigne du centre au lieu de s'en approcher. A peine est-elle arrivée à l'autre bord que, sans reprendre haleine, la voilà qui rebrousse chemin; la *force centripète* la rappelle de nouveau et lui fait reprendre sa course dans les mêmes conditions que la première fois. Vous comprenez que, si on ne l'arrêtait pas, il y en aurait pour l'éternité.

Je ne sais si en vous parlant de l'attraction et de l'aimant je dois passer sous silence l'histoire de *l'aiguille aimantée,* si intelligente, si active. Quand

elle est suspendue en toute liberté, elle tourne
l'une de ses pointes vers le *Nord*, l'autre vers le
Sud. On appelle ces deux pointes des *pôles*, et la

Boussole.

vertu qu'elles ont de se diriger s'appelle *vertu ma-
gnétique*.

C'est cette propriété qui a donné naissance à la
Boussole.

10.

Vous sentez tout de suite de quelle utilité est pour nos marins ce petit instrument qui leur montre tout d'un coup le chemin qui est à suivre ou celui qu'il faut éviter. Ah! mes bons enfants, que n'avons-nous tous dans l'esprit une charmante boussole comme celle-là!

ÉQUILIBRE

De ta chute, ignorant, ne vois-tu pas les causes,
Et qu'elle vient d'avoir du point fixe écarté
Ce que nous appelons : centre de gravité ?

De l'attraction, mes enfants, on arrive sans peine à parler de l'*équilibre*, qui n'en est qu'une conséquence naturelle.

Ces deux forces dont il vient d'être question : la *force centrifuge* et la *force centripète*, peuvent être considérées comme deux amies qui ne pourraient vivre isolément sans mettre tout sens dessus dessous. Unies, elles donnent l'*équilibre*, elles donnent ce qu'on appelle le *centre de gravité*.

C'est l'équilibre qui préside en maître à toutes nos fonctions morales et physiques, garde le corps dans son aplomb, le jugement dans sa rectitude et la santé en bon état.

Ne voyez-vous pas des hommes dominés par des passions extrêmes, comme l'avarice et la colère,

par des aveuglements et des entêtements sans
bornes, tomber dans des actions coupables ou des
malheurs irréparables?

Défaut d'équilibre dans le jugement.

Allez maintenant visiter la caisse d'un dissipa-
teur! Comme il n'a pas mis une juste balance entre
les recettes et les dépenses, vous devinez de quel
côté le poids l'emportera.

Défaut d'équilibre dans les comptes.

Et le joueur, l'ivrogne, que sont-ils, sinon des
gens qui ont perdu l'équilibre de la raison, de la
sagesse?

Ah! s'il nous prenait fantaisie de parler politique, c'est là qu'on trouverait de quelle importance est l'*équilibre européen!* c'est-à-dire cette
grande balance où sont pesés les intérêts de tous
les peuples.

Quelle est, dites-moi, cette loi, cette force qui a
si admirablement équilibré tous les mondes et qui
fait que nous n'avons jamais peur que le soleil ou
la lune viennent tomber chez nous?

Certes, mes enfants, c'est une grande majesté
que l'*équilibre.* Quand le vent entre en folie, gare
les tuiles et les cheminées; marchons en longeant
les maisons; mais allons néanmoins à nos affaires.

Voici un mur qui penche, il ne faut pas le braver ;
voilà une maison en ruine, une suspension d'écha-
faudage dont il est sage de s'éloigner ; c'est à nous
d'être prudents.

Tâchez donc, mes chers petits, de ne point descendre trop vite les escaliers, afin que, gardant
votre *centre de gravité,* vous ne fassiez point de
culbute.

Quand vous marchez, regardez à vos pieds, pour
ne point imiter cet imbécile d'astronome qui, voulant lire dans les cieux pendant qu'il suivait son
chemin, fut précipité dans un puits.

En un mot, surveillez toutes vos habitudes ;
qu'aucune ne tombe dans l'excès, qu'aucune ne
vous emporte au delà de ce qui est sage, de ce qui
est utile.

Que vos passions, vos désirs, ne soient pas immo-
dérés, car, de quelque côté qu'on penche, l'équilibre cesse. Alors on trébuche tout à fait, soit dans
son chemin, soit dans celui d'un autre.

LES SAISONS

LE PRINTEMPS — L'ÉTÉ — L'AUTOMNE — L'HIVER

LE PRINTEMPS

« Me voici, me voici, je suis le Printemps. Vous
« m'avez longtemps appelé. Venez donc me voir, et
« dépêchez-vous. Vous savez que je ne m'arrête
« guère. Reconnaissez mes pas sur la terre qui se
« réveille. Des vents tièdes me précèdent. Quittez la
« chambre, ô jeunes filles ! Et vous, jeunes feuilles,
« vous allez danser au souffle de l'air. Toute jeu-
« nesse n'est-elle pas dehors ? »

Ce n'est pas moi, mes chers petits, qui parle si
joliment du Printemps, c'est le Printemps lui-
même par la voix d'un poëte dont je ne sais plus le
nom.

Vivent donc la joie tumultueuse, l'espérance des
folles promenades, les douces causeries en plein
air !

Oui, c'est aujourd'hui le 21 mars, célébrons cette date, gracieuse entre toutes. Mais, malgré tous ses charmes, ne sortez pas sans consulter le thermomètre. Le soleil de ce mois est plein de traîtrise; l'Hiver lui laisse souvent, à son insu, quelques dettes à payer en neige ou en grêle. Il compte sur son honneur, et n'est pas sans malice. Quoi! dit-il, je laisserais tout d'un coup cette petite terre sans frimas? Un peu de froidure encore, s'il vous plaît. Encore un petit manteau blanc sur ses épaules. Bah! elle n'en mourra pas, et nous nous raccommoderons après.

Voilà qui va bien; mais toute chose doit être à sa place, dirait un moraliste que je connais. Si le soleil était plus adroit, s'il ne s'occupait pas si tard et à contre mesure des affaires du Printemps, celui-ci aurait moins de besogne. Nous aurions moins de peine à quitter nos fourrures et moins de coups de soleil sur la tête.

Résignons-nous cependant; aussi bien, il n'y a pas autre chose à faire. Profitons des bonnes heures, tâchons de trouver que les giboulées nous égaeynt, qu'elles nous procurent ces éclaircies où le ciel est si beau, où les nuages bizarres qui le traversent ont tant de variété dans leur forme et dans leurs teintes.

Le printemps.

Causons, en attendant ces premières bouffées d'air tiède, ces premières émanations du printemps qui nous semblent si savoureuses et si bienfaisantes.

Ne pressentons-nous pas que la nature se réveille, que la fermentation se prépare, que la vie va faire invasion?

D'un jour à l'autre, ne voyez-vous pas les aspects de la campagne se modifier? Tout s'habille, tout se transforme. N'entendez-vous pas déjà les premières notes du pinson?

Le silence est rompu. Quoique à des intervalles inégaux, le Printemps se fait sentir. La nature n'est jamais pressée comme nous; hélas! à force de doubler le pas, notre jeunesse fuit sans que nous nous en doutions, l'âge mûr arrive on ne sait pas comment, et la vieillesse vient au galop.

Cependant, songez par quel bienfait de la Providence notre vie s'écoule insensiblement. Nous sommes jeunes encore, le teint se flétrit peu à peu; les yeux se creusent doucement; les rides viennent, comme à la dérobée, se loger une à une autour du visage. Mais quand nous négligeons de causer avec le miroir, un beau jour il nous dit : Ah! mon Dieu, comme vous vieillissez! — C'est bien, c'est bien, lui répondons-nous, mais un joli petit chapeau vient nous rajeunir, et nous en croyons le chapeau.

Je ne sais si vous me ressemblez; mais il n'est
pas arrivé de printemps dans ma vie — et j'en ai
vu beaucoup — que je n'aie aussitôt éprouvé le
besoin de l'arrêter, comme on arrête le balancier
d'une pendule. Oui, j'aurais voulu tenir le temps
dans ma main et le suspendre au passage. Je lui
aurais volontiers adressé ces beaux vers de Lamartine :

> Assez de malheureux ici-bas vous implorent,
>   Coulez, coulez pour eux!
> Prenez avec leurs jours les soins qui les dévorent;
>   Oubliez les heureux !

Hélas! le temps fuit toujours; il est impitoyable
dans sa course. Les Printemps s'envolent comme
les Étés, les Étés comme les Hivers. C'est à nous
de jouir des heures fugitives; c'est à nous de nous
hâter, non de vivre, mais de bien vivre, et, puisque
nous ne pouvons pas arrêter le temps, que le temps
au moins nous console par les provisions qu'il nous
laisse faire, par les souvenirs qu'il nous apporte et
qu'il nous laisse.

Encore quelques jours, mes enfants, et nous
irons gaiement recommencer nos excursions dans

les prés; nous irons nous asseoir sur ce joli tapis que le Printemps a déjà étendu, et nous reprendrons nos chers entretiens.

Avez-vous quelquefois réfléchi sur la liberté avec laquelle pousse l'herbe des champs? Point de labourage, point de culture; sa graine tombe, se sème et repousse d'elle-même. Elle souffre la faim, la soif, l'extrême chaleur et les grands froids sans se plaindre, sans se donner des manières penchées comme les plantes de nos jardins.

Quel fut son commencement? quelle sera sa fin? je ne sais; mais à la voir toujours verte et vivante en toute saison, ne croirait-on pas qu'elle est immortelle?

Et pourtant nous la foulons aux pieds, cette pauvre herbe : le passant la dédaigne, le jardinier la méprise. Pauvre herbe! Il l'appelle mauvaise, l'insolent!

Que de fois j'ai passé de longues heures enfouie dans cette herbe que j'aime, au milieu de ces mille fleurettes printanières : les boutons d'or, les pâquerettes, le crocus, le plantain, le trèfle incarnat, la marguerite des champs, cet oracle divin, qu'on accueille si bien quand il dit qu'on nous aime

beaucoup, et qu'on laisse tomber tristement quand
à notre question il répond : Pas du tout!

Ah! si les hommes n'étaient pas trop souvent à
craindre, qu'il ferait bon de vivre dans les bois!
Restez seulement une heure dans une solitude peuplée d'arbres, d'oiseaux, d'insectes, de plantes, et
vous verrez.

Tout d'abord, votre présence en troublera les
habitants; ils ont de nous tant de peur, — hélas!
trop justifiée! — puis le silence se fera : l'insecte
reprendra sa course vagabonde, le papillon son vol
incertain, l'oiseau retrouvera son chant, et les
fleurs vous inviteront à les cueillir. On étudie, on
observe ce qui se passe; on pense, on s'appartient.

Oh! que tout cela est délicieux!

En sortant du bois, nous côtoyons un champ de
blé encore vert; il ondoie déjà gracieusement sous
la légère poussée d'un vent doux et chaud.

Viendront bientôt les coquelicots, les jolis bleuets.
Avez-vous remarqué comme toutes ces taches bleues
et rouges font bien au milieu de la verdure et des
blés, comme elles en relèvent l'uniformité? Elles
savent sûrement qu'on les aime, car on retrouve

les coquelicots surtout aux bords de nos routes, sur les talus des chemins de fer ; partout ils sont si heureusement placés! Quant au bleuet, c'est une fleur discrète, qui ne se prodigue pas. Rarement elle sort des lieux qui l'ont vue naître. C'est là qu'elle veut vivre et mourir. Quoique plus robuste que le coquelicot, plus recherchée par les jeunes filles qui en tressent des couronnes, son règne commence à disparaître. Et c'est grand dommage! Sa couleur d'un bleu si franc, sa tige élégante, sa forme étoilée, sa capsule verte et agréablement dessinée de brins pointillés de blanc, la rendent si coquette, que lorsque j'en retrouve encore, je suis toute contente, et n'ose plus la cueillir, crainte d'en perdre la semence.

Un autre jour, mes enfants, nous irons nous promener dans cette prairie qui borde la grande allée des peupliers d'Aulnay. Nous étudierons les graminées. Mais aujourd'hui, je voudrais faire un dernier salut au Printemps. Je tiens à vous entretenir de la séve, que j'entends murmurer.

Écoutez :

A peine le soleil de mars ou d'avril l'a-t-il sérieusement appelée, qu'elle vient, se montre et entre en fonction. Vous la voyez pour ainsi dire pénétrer le grain presque imperceptible qui se gonfle à son approche. Son enveloppe éclate, et deux petits germes en sortent : l'un montera, c'est la tige ; l'autre descendra, c'est la racine.

Dites-moi un peu qui est-ce qui dit à ces germes de se diviser et de prendre chacun une direction différente, la tige cherchant la lumière du jour, la racine s'enfonçant en terre où elle vit dans l'ombre. Qui a dit aux chênes de s'élever, aux peupliers de s'élancer, aux arbres fruitiers de rester plus à la portée de nos mains? Les noyers peuvent encore laisser tomber leurs noix ; mais s'il fallait cueillir les poires et les pêches à de grandes hauteurs, quelle affaire!

La racine fixe donc sa plante solidement, afin de l'affermir ; puis elle lui apporte sa nourriture au moyen d'un petit canal placé à son centre. Comme toute nourriture ne lui convient pas, ces petites racines ou radicelles, en allongeant leurs fines extrémités, cherchent et choisissent d'elles-mêmes les sucs qui lui sont agréables. Elles devinent quelle terre convient à l'ivraie, à la folle avoine, à la famille des ombelles, etc.

Croyez-vous aussi que ces racines, tout en se multipliant, se tiennent pour battues quand elles

11.

rencontrent, soit un caillou, soit un fossé? **Point !**
avec cet esprit que vous leur connaissez déjà, elles
franchissent le fossé, elles contournent la pierre.

Une fois la tige sortie de terre, il se forme un
nœud à sa base, qui d'une part la rend encore plus
solide, et de l'autre sert à distiller ce qu'il y a de
plus subtil dans la séve. Là, en effet, se trouve un
levain qui prépare et purifie la substance dont la
plante a besoin, et c'est encore de ce nœud que
vient dans les fleurs et dans les fruits cette diversité de saveurs et de senteurs. O merveille !

A mesure que la racine s'enfonce, la tige s'élève,
percée d'une multitude de petits tuyaux invisibles
par lesquels montent et descendent les sucs nour-
riciers. Bientôt, de cette tige sortira une feuille
qui, au regard du soleil, sera lisse et luisante afin
d'attirer à elle et de conserver cette chaleur qui la
dilate, tandis que le côté qui regarde la terre sera
terne, raboteux, garni de poils qui pompent l'air
environnant; puis des pores de cette feuille s'échap-
pera la transpiration des sucs trop abondants ou
trop épuisés; mais elle saura bien absorber les bons
sucs répandus dans l'atmosphère, ceux dont elle a
besoin pour vivre et se bien porter.

La séve, ce sang des végétaux, est donc assurément le phénomène le plus intéressant et le plus remarquable qui existe; car d'elle dépendent la vie et l'accroissement des plantes, comme du sang dépendent l'existence et l'accroissement des animaux.

Et n'admirerons-nous pas encore ces petits bourgeons, prêts à sortir de l'arbuste et de l'arbre? Voyez-vous leurs bras rougissants? Avez-vous touché cette matière visqueuse qui protége ou facilite l'arrivée des pousses nouvelles? Arrêtez-vous un moment, elles auront bientôt percé plusieurs enveloppes d'un beau brun; à mesure que notre bourgeon grossit, ses langes s'élargissent, l'enfant apparaît. Il voit le jour... c'est une feuille.

Il ne s'agit plus que de se déployer; car ce petit bourgeon porte en lui toutes nos espérances : feuilles, fleurs, fruits et semences.

Observez encore que si la plante ou l'arbre a l'idée de se propager au loin, Dieu donnera des ailes à la graine; les vents la porteront jusqu'aux lieux qu'elle s'est choisis. Il y a même des mariages de plantes qui ne se font pas autrement. Tantôt c'est un fiancé qui va chercher sa belle, tantôt c'est elle qui va trouver son futur époux, et souvent à de très-grandes distances.

On a découvert en Cochinchine une plante bien

curieuse. Les feuilles en sont rondes et garnies de petites crénelures. Lorsqu'un insecte se hasarde à ramper sur la face supérieure de cette feuille, la voilà qui se replie, se contracte et renferme soigneusement l'insecte jusqu'à ce qu'il soit bien mort. Aussitôt après, elle se rouvre d'elle-même, et laisse tomber le cadavre.

Une autre plante plus extraordinaire encore, nommée la Dionée, a été examinée par un docteur anglais. Il a pu constater que ses feuilles éprouvaient toutes les contractions de l'estomac d'un animal. Les phénomènes de succion et d'absorption sont les mêmes. Si une mouche, par exemple, se pose sur l'une d'elles, celle-ci se ferme aussitôt, et ne se rentr'ouvre que lorsqu'elle a parfaitement enlevé la substance entière de sa victime. Et, chose incroyable, le même fait se reproduit quand, au lieu d'une mouche, on y place un petit morceau de veau ou de mouton.

C'est par ce procédé qu'on engraisse la plante; mais on dit qu'elle déteste le fromage.

Nous avons encore parmi les plantes sensibles la *Sensitive;* mais celle-là est charmante comme une jeune fille; sa modestie souffre même quand on l'aborde de trop près. Elle n'aime point qu'on touche ses feuilles ; si elle pouvait parler, je crois qu'elle nous défendrait même de nous occuper d'elle.

Quelques fleurs comme la *Belle de jour* et la *Belle de nuit* ne s'épanouissent qu'à de certaines heures : la première, au soleil de midi ; la seconde, aux rayons de la lune. Combien d'autres je pourrais signaler dont les bizarreries sont sans nombre, dont les idées sont extraordinaires ! Mais cette liste serait interminable.

Une chose m'a toujours étonnée, c'est de voir la séve monter par l'écorce d'un arbre. En avez-vous rencontré, comme moi, dont tout l'intérieur était ruiné, et dont les branches cependant portaient des feuilles ? Il faut que cette écorce possède, comme les plantes, une multitude de petits canaux qui s'étendent de la racine au sommet. Attirée par la chaleur du soleil, la séve monte, et, quand elle s'est répandue où il était nécessaire, ce qui en reste va et vient de l'écorce extérieure à l'intérieur de l'arbre ; aussi l'on peut, par la quantité des couches dont la séve a laissé la trace chaque année, préciser son âge.

Quant à l'écorce extérieure, elle se forme surtout des sécrétions, et sert de vêtement à l'arbre, afin de le préserver des accidents et de l'intempérie de l'air.

Voyez s'élever au pied de certaines plantes dés tiges indépendantes et vigoureuses. Déjà familiarisées avec la terre, elles consentent sans regret à se laisser porter ailleurs.

D'autres font rayonner autour d'elles de longs filaments qui rampent, cherchent leur place, prennent goût au sol où elles sont nées et s'y attachent comme par un lien d'affection.

Partout, partout la nature est vivante et belle de touchantes harmonies !

O mon cher Printemps ! que je te remercie de nous revenir si exactement les mains pleines de bonheurs et de promesses ; de nous ramener ton air embaumé si caressant et si doux !

L'ÉTÉ

Le temps a laissé son manteau
De vent, de froidure et de pluie;
Il s'est couvert de broderie,
De soleil luisant clair et beau.
Il n'y a bête, ne oyseau
Qu'en son jargon ne chante ou crie :
Le temps a laissé son manteau, etc.
Rivière, fontaine et ruisseau
Portent une livrée jolie,
Goutte d'argent, d'orfévrerie,
De soleil luisant clair et beau.
Le temps a laissé son manteau, etc.

CHARLES D'ORLÉANS.

Venez, venez, mes chers oiseaux; venez, petits insectes, la table est servie. Le soleil, l'eau et la terre vous convient. Venez prendre place; et soyons gais !

Oui, mes enfants, c'est aujourd'hui le 22 juin. Je n'attends pas toujours cette date pour me réjouir: Quand je vois des fleurs, quand j'entends chanter nos gentils musiciens, et que j'ai chaud, je dis : Vive l'Été !

. Disons cependant, avec les savants, que la terre, à ce moment de l'année, recevant plus directement les rayons du soleil, nous donne les grandes chaleurs. Et puis les jours vont décroître de quelques minutes; mais à quoi bon penser à ce que disent les savants? Levons-nous avec le soleil, et chantons comme la nature.

Cher Printemps! il est parti; les têtes blanches des cerisiers, et des amandiers qui faisaient un si gentil effet sur les coteaux de Bagneux, se sont effacées peu à peu sous une teinte verte. Les fleurs même des pommiers et des poiriers sont déjà tombées... Viennent les fruits rouges, et les autres ensuite.

Mais si les violettes, les primevères, les narcisses ont disparu, si les pâquerettes sont sur le point de partir, il nous reste tant d'autres fleurs ravissantes! puis voici les grands arbres, le hêtre, les beaux chênes qui sont parés de leur splendide feuillage. Vive l'Été !

Oui, viens à ton tour, mon bon Été, viens nous apporter tes présents! Tous les germes ont tressailli : ils vivent, ils brûlent de jouir de ta lumière et de s'épanouir complétement. Pauvres petits insectes! ont-ils dû s'ennuyer dans leur froide soli-

L'été.

tude, dans leur longue incubation! Vous figurez-
vous quelle doit être la joie du papillon, lorsque,
sorti de sa dernière enveloppe, il s'échappe enfin
et s'élance dans l'air? Doit-il avoir soif de venir au
monde! Je ne sais pas s'il a la conscience d'être
beau comme une fleur et léger comme un souffle;
mais un papillon doit aimer la nature, le ciel,
l'air!...

Il faut pourtant parler de ce malheureux hanneton
qui, pour arriver à ce bonheur éphémère, est resté
trois ans enfoui sous terre à l'état de larve ou de
nymphe. Ce qui me console, c'est qu'il est si bête,
si lourd, si étourdi, qu'il ne doit pas penser à grand'
chose. Et puis, il est si vorace, si laid, que, s'il
n'était pas comme le crapaud une vraie créature du
bon Dieu, je ne le verrais qu'avec un grand dé-
plaisir.

Je voudrais bien aussi pouvoir m'intéresser à ce
malheureux colimaçon obligé de porter incessamment ses murailles. Mais quoi! il salit de sa bave
tout ce qu'il touche. Il n'y a pas moyen de cueillir
une fleur ou de manger un fruit quand il a rampé
dessus. Il faut convenir que tout cela serait assez
désagréable, si le goût de l'observation ne l'em-
portait pas sur ces répulsions instinctives.

Et que vous dirai-je du cousin ? Réunir tant d'élé-
gance, tant de délicatesse dans les formes à tant de
fourberie et de férocité !

Mais au risque de ne point manger la fraise dont
le ver du hanneton a dévoré les racines ; au risque
de voir une fleur souillée, ou d'être piquée par un
cousin, je souhaite la bienvenue à tous les insectes,
à toutes nos petites bêtes ; car, en vérité, c'est sans
trouble et sans remords qu'ils cherchent leur nourriture n'importe où , n'importe comment ! N'est-ce
donc pas un admirable instinct qui leur fait con-
struire si merveilleusement leur nid, leur souterrain ; élever leurs petits et les défendre au péril
de leur vie ; amasser des richesses pour les mauvais
jours?...

Il faut suivre leurs mœurs pour avoir une idée de
leur intelligence. Si j'ai le temps, je vous écrirai
plus tard l'histoire d'une fourmi, celle d'une pie ;
je vous apprendrai à aimer l'alouette, cet oiseau que
vous venez de voir au coin de ce champ de blé. Sans
doute, sa prudence est en défaut devant un miroir
mobile qu'elle prend pour le soleil. La pauvrette
l'aime tant ! Que de fois, en la suivant de l'œil, ne
l'ai-je pas vue disparaître au plus haut des airs ! Et
ses petits ! N'ayez pas peur, elle ne les perdra pas

de vue. Tout d'un trait vous la verrez descendre sur sa chère couvée. Et songer que cette bonne petite créature a le plus souvent pour linceul une bande de lard et pour tombeau une croûte de pâté !

Mais ce que j'ai vu de plus touchant, c'est l'instinct affectueux d'un moineau. Au bruit de la sonnette de sa maîtresse, il accourait près d'elle, et se cachait vite dans son sein, se souciant fort peu de déranger une jolie toilette. N'acceptant de nul autre sa provision de sucre et de millet, il portait l'amitié jusqu'à rester sur le lit de sa bien-aimée tout le temps qu'elle était malade. Hélas ! un jour pourtant, il mourut dans la main de cette maîtresse qu'il avait tant chérie, mais non sans lui adresser du regard ses derniers adieux.

Je ne sais si tous les oiseaux, si la jolie fauvette, le chardonneret à tête noire et rouge auraient cette tendresse. Je doute fort que la bergeronnette, avec sa drôle de queue toujours en l'air, et que l'indépendant rossignol, possèdent à ce point la reconnaissance. Mais le roitelet, cette petite créature qui, tout en bondissant et en sautillant, vous regarde du coin de l'œil, a bien ses mérites. Quand la femelle, fatiguée de couver, s'absente un moment pour dé-

gourdir ses ailes, voyez venir en tapinois un *coucou*.
Qui ne connaît les deux notes monotones et graves
de cet oiseau-là? — Il arrive, le traître, et craignant
de s'embarrasser d'un de ses petits qui vient de
naître, il le porte tout bonnement à l'hospice des
enfants perdus. — Cet hospice, c'est le nid du roitelet. Les deux époux ne s'aperçoivent pas, je suppose, de la supercherie. En tous cas, ils sont assez
bons pour prendre soin de l'intrus. Mais ce qu'il y a
de comique et de tendre à la fois, c'est l'orgueil de
cette nourrice à la vue de ce bel enfant. Voyez,
dit-elle, comme il grossit à vue d'œil; il pousse
comme un champignon. — Aussi les bons morceaux
ne lui manqueront pas.

A l'encontre de cette mère, je me souviens d'un
certain paysan à qui je demandais des nouvelles de
son dernier fils, Jacques, un bon gros garçon de
six ans. — Ah! fit-il, d'un air triste et sévère, tenez,
le voilà dans un coin qui se cache. — Et pourquoi
se cache-t-il? répliquai-je. — Ah! mademoiselle,
me répondit-il en soupirant, il est honteux de son
appétit. Si vous saviez tout ce qu'il mange! c'est
affreux!

Et moi, pendant qu'il parlait, je songeais que ma

petite nourrice, mon petit roitelet, valait mieux que le paysan.

Tandis que je cause avec vous des oiseaux, ces jolis petits rois de la chaude saison, l'Été s'est avancé : déjà les rosées descendent et remontent ; déjà la cigale et le grillon font entendre leur cri strident et monotone. Ils sont bien petits pourtant, mais ils font plus de bruit qu'ils ne sont gros. Il est vrai qu'ils ne se font pas prier pour crier ; le rossignol non plus, tout maître qu'il est, n'y met pas de façon ; car il vocalise toute la nuit, sans se douter de son talent et du plaisir qu'il nous cause. Hélas ! le voilà déjà parti pour d'autres contrées. Au revoir, mon cher rossignol !

Avez-vous remarqué que ces mille cris d'insectes, ces chants d'oiseaux, toutes ces notes si diverses qui sembleraient devoir faire à nos oreilles un véritable charivari, prennent dans la nature une harmonie inconcevable, pleine de fraîcheur et de gaieté?

Il en est de même des fleurs : chacune d'elles porte un parfum distinct et délicieux qu'il est bon d'isoler près de soi ; tandis que dans un parterre, cette mêlée de parfums, cette réunion de délicieuses odeurs embaument l'air.

Mais il fait bien chaud rentrons, mes enfants,

non sans donner un dernier regard aux beaux champs de seigle, aux arbres déjà chargés de fruits.

Donnons un regard de compassion à ces tristes vieillards de la végétation, à ceux qui ont vécu et qui meurent, hélas! pour la dernière fois; à ces grands saules qui bordent l'ancien étang de *Plessis-Piquet* et dont les restes tristes sont encore splendides.

Donnez aussi un salut à mon pauvre pommier, ce bon vieux camarade de vingt-cinq ans, qui à mon arrivée avait déjà une vingtaine d'années; celui-là dont je touchais les feuilles quand je me mettais à la fenêtre de mon atelier. Vous le connaissez bien! Cher pommier, il n'a plus la force de pousser ses feuilles et ses pommes. Son tronc se difforme, ses branches chargées de mousse sont tout amaigries, son front même est entièrement découronné.

Bon cher pommier, tu es au bord de ta tombe; je te regretterai.

L'AUTOMNE

Salut, bois couronné d'un reste de verdure,
Feuillage jaunissant sur ces gazons épais.
Salut, derniers beaux jours.
LAMARTINE.

Mes chers enfants, le calendrier vient de me dire que nous sommes au 22 septembre; mais puis-je assigner une date à l'Automne, quand la végétation est encore si belle; quand les oiseaux chantent toujours; quand le soleil est aussi resplendissant? Et d'ailleurs, si l'Été s'est envolé avec sa dernière gerbe, vive l'Automne!

Il est vrai, nous approchons des premières brumes. Quelques feuilles jaunissent, d'autres courent déjà dans le chemin; nos pieds les rencontrent et les dispersent; plusieurs s'envolent comme des papillons et jouent avec le vent; je regarde avec un peu de mélancolie celles qui semblent vouloir rester près de leur tige : on dirait qu'elles redoutent de tomber, qu'elles pressentent qu'une fois à terre, il leur faudra dire adieu au soleil et à la vie; elles

L'automne.

devinent qu'elles ne tarderont pas à devenir fumier, et cela vaut la peine qu'on y pense. Sans
doute, d'autres jeunes belles feuilles leur succéde-
ront; voilà ce qui console quand on est philosophe;
mais en attendant on devient fumier.

Oui, décidément nous sommes en Automne. Je
vois nos coteaux quitter peu à peu leur robe d'été.
La saison qui vient amènera les modes nouvelles.
Chaque arbre s'habillera à sa guise : l'un choisira
le jaune orangé, l'autre se nuancera de vert foncé;
un troisième aura la fantaisie de rester tout nu et
de nous étaler ses branches dégarnies de feuilles;
quand son voisin, au contraire, sera vêtu de son
superbe vêtement brun, bordé d'un rouge chaud :
ce sera magnifique! Ajoutez-y les splendeurs d'un
soleil couchant, et dites-moi s'il existe au monde un
spectacle plus ravissant que celui que nous offre un
paysage d'Automne.

N'écoutez donc pas ceux qui vont déclamant que
l'Automne est une saison triste, qu'en grelottant,
il annonce l'Hiver, que son soleil est pâle; ce
sont des phrases toutes faites, mes enfants, et par
des gens qui n'ont pas l'amour de la nature et qui,
par conséquent, ne sont pas dignes du bonheur
qu'elle donne.

Les poëtes chanteront le Printemps, les habitants des villes aimeront l'Été, les peintres vanteront l'Automne, et moi, je célébrerai toutes les saisons avec cette poésie intime qui n'est autre chose que le charme intérieur qui s'attache à toutes les œuvres de Dieu.

Oui, mes enfants, la vraie poésie est ce sentiment qui ennoblit, élève et fait rayonner la pensée en présence de ce qui est beau à voir, de ce qui est bon à faire. La vraie poésie préside même à nos devoirs et à l'accomplissement des œuvres les plus serviles.

Aussi, combien ce même charme s'attache aux amitiés de la jeunesse! Quelques illusions, il est vrai, tombent en chemin. Elles peuvent se renverser comme les fleurs d'une corbeille mal tenue. Mais le charme reste, et l'on se sent heureux de le posséder jusque dans une extrême vieillesse. On devient malheureux, souffrant, infirme même, mais ce qui a été beau au moral restera beau; ce qui a été bon restera bon. Et tant que l'on n'aura que des faiblesses ou des erreurs à se reprocher, la vie peut rester encore désirable.

Je conviens avec vous, mes chers enfants, car il faut être juste et convenir de tout, je conviens que cette riche, saison qui nous apporte tant de moissons diverses, a des matinées déjà fraîches, des jours qui se raccourcissent, des menus propos d'hiver qui me donnent de petits frissons. C'est convenu. Mais comptez-vous pour rien ces retours de chaleur, ces jolis étés de la Saint-Martin, qui viennent nous regaillardir et nous amuser en chemin?

Plaignons les moroses, les gens atrabilaires, qui voient tout au travers d'une ombre fatale, et allons nous asseoir encore gaiement au bord de ce champ veuf de son blé ou de son avoine, mais dont le voisin est riche encore de luzerne, de trèfle et de sainfoin. Sentez-vous l'odeur savoureuse de cette dernière coupe de foin? Voyez-vous la fumée bleuâtre des herbes sèches qui brûlent? Comme cette fumée divise harmonieusement les plans des horizons! comme elle meuble bien le paysage!

Connaissez-vous ces fils de la Vierge, qui, malgré le doux nom qu'ils portent, ne sont tout bonnement que le fruit cotonneux de certains arbres se déroulant en fils très-fins et très-blancs? Remerciez-les toutefois. Leur présence annonce le beau temps, comme la présence de ces belles vaches rousses, couchées dans l'herbe, nous prédit encore quelques chaudes journées. Les voyez-vous ruminant gravement? Avec quelle lenteur leurs vagues regards se détournent de nous! Tout est calme autour d'elles, tout est calme en elles; une mouche seule a le pouvoir de les exciter; leur queue chasse en l'air la méchante bête, et la vache rentre dans son repos.

Bon! voilà une perdrix qui fuit à tire-d'aile. Hélas! la chasse est ouverte, c'est le moment où le fusil prime le droit de vivre. Et cependant! est-il rien de plus inoffensif que cette bonne petite bête qui n'a que le tort d'être excellente à manger, surtout quand elle est bien bardée et cuite à point?

Je vous assure, mes enfants, que, malgré cette petite pointe de gourmandise qui m'est échappée, je voudrais, tant je m'intéresse à elle, que sa chair fût détestable. Est-il un oiseau plus doux, plus familier? En est-il où l'esprit de famille soit plus développé? Oncle, tante, cousin, cousine, tout est admis, tout vit en paix. Cela est superbe!

Et n'en est-il pas de même de ce chevreuil que nous vîmes lancé par des chasseurs acharnés à sa perte? Ne faut-il pas toute la furie que donne la passion de la chasse, pour n'être pas ému devant cette excellente créature vouée à être mise en pièces? Les chiens eux-mêmes, les chiens! ne songent qu'à la déchirer. Et quand ce chevreuil est à l'agonie, quoi de plus touchant que sa résignation? Est-il possible d'être plus doux devant la mort?

On dit que le chien est beau lorsqu'il est en arrêt devant un buisson, prêt à piller une caille ou une bécasse. On dit qu'il est d'un grand prix, quand, dressé par l'homme, il devient son espion, son gendarme. Soit! vous me permettrez, mes enfants, de n'être pas de l'avis de tout le monde; car au moment où il arrête un pauvre diable de lièvre qui ne demandait que la vie et la liberté, au moment où il rapporte aux pieds de son maître un pauvre faisan, à demi expirant, je vous assure bien que je ne le trouve pas superbe du tout. J'ajoute même que cette rage de destruction qui anime chiens et chasseurs finira par faire disparaître de la terre ce gibier dont on fait tant de cas. Déjà les lièvres diminuent, les chevreuils deviennent beaucoup plus rares, et ce sera grand dommage quand nous ne les verrons plus. Ces bêtes-là, voyez-vous, mes enfants, si l'on savait les observer, donneraient à la société l'exemple des bonnes mœurs et des habitudes patriarcales. — Une fois les couples de chevreuils formés, ils ne se désunissent plus; si l'un des deux conjoints vient à mourir, l'autre en gémit; il en est qui en meurent.

Et, chose assez rare parmi nous, les enfants chez
eux restent longtemps près de leur mère; ils obéissent à leur aïeul qu'ils aiment, même quand leurs
cornes sont poussées. Trouvez donc beaucoup de
garçons qui à l'approche de leur barbe en fassent
autant!

Si je me suis laissé égarer par ces réflexions sur
la chasse, c'est qu'elle me gâte un peu tous ces
biens du bon Dieu. Aussi, je reviens vite à mon Automne que j'aime, je reviens à vous dire qu'il n'est
pas de saison où l'on trouve tant de fleurs variées
et persistantes, tant de fruits abondants et savoureux, tant d'admirables paysages.

Les dernières récoltes ont animé la campagne;
les vendanges vont y jeter de la vie. Le cultivateur
revient chargé, les vendangeurs arrivent; déjà les
tonneliers font retentir leur marteau. On cueille;
on ramasse. Les greniers se remplissent, les provisions se font, les fruits sont rentrés; la cave va se
garnir. Entendez-vous chanter? Bientôt la soupe
fumera dans la chambrée. On boit, on mange,
on rit.

Trouvez-moi, mes enfants, une saison, fût-ce le
joli Printemps, dont on puisse dire autant de bien.

L'HIVER

Hiver, saison parfois cruelle,
Décembre vers nous te rappelle;
Mais au seuil de la pauvreté
Battu des vents et des orages
Tu ramènes la charité
Qui brille à travers tes nuages,
Plus douce qu'un soleil d'été.

Oui, mes enfants, c'est avec un accent ému et plein d'une religieuse éloquence qu'on devrait parler de la nature et du ciel; car la nature est œuvre, et Dieu seul ouvrier, a dit un ancien philosophe.

Décembre est venu, il ne faut pas se le dissimuler, nous sommes le 22 du mois. C'est bien le moment où l'Hiver entre en campagne. Il fait bien froid aujourd'hui. Mais bah! puisque l'Automne est parti, vive l'Hiver!

Il est vrai, toutes les feuilles sont tombées, la gelée a engourdi nos jolis insectes, mais ceux qui nous nuisaient se sont engourdis comme eux. Nos oiseaux chanteurs se sont envolés; n'en reste-t-il pas d'autres qui ne chantent pas aussi bien, j'en

L'hiver.

tombe d'accord, mais dont les fréquentes visites à nos fenêtres chargées de pain nous réjouissent encore? Qu'est-ce que tout cela a de désespérant? Le Printemps ne reviendra-t-il pas? Vous a-t-il jamais manqué de parole, ni les oiseaux, ni les fleurs? Suis-je triste, moi, dont la neige des ans a déjà blanchi tous les cheveux? Non, vraiment. Je crois même n'avoir eu jamais l'esprit mieux disposé. Dans quatre mois vous reverrez vos papillons, vous entendrez vos oiseaux; dans six mois vous cueillerez des fraises, des groseilles, des cerises surtout!

Et moi? reverdirai-je? non. Je crois même que je serai encore un peu plus vieille, mais je serai toujours gaie, je l'espère; j'espère pouvoir vous fredonner encore à l'occasion, que bien que mal, mes anciennes chansons. Oui, mes enfants, j'aurai six gros mois de plus à porter, je dis gros, parce qu'à mon âge, les années sont plus pesantes qu'au vôtre; ce qui ne m'empêche pas de les voir courir vite sur votre tête, et si vite sur la mienne que je ne trouve pas le temps de respirer.

Remercions donc l'Automne qui vient de nous quitter; remercions-le des bonnes promenades faites dans les bois et les champs... Et célébrons l'Hiver!

Les gens sombres disent que dans cette saison
tout annonce la mort; que tout est deuil dans la
campagne; que tout y est laid, désagréable à voir.
Oh! que non pas, mes enfants; c'est une calomnie.
Non, ce n'est pas sur un ton lugubre qu'il faut
parler de l'Hiver, de l'hiver qui n'est, en définitive,
que le sommeil de la nature.

Certainement, tout se repose, tout dort; le temps
est gris parfois et parfois rude. Mais si tous ceux qui
ne souffrent pas trop avaient au cœur un petit
rayon de soleil, ils ne se plaindraient pas tant. Attendez donc! tout se réveillera bientôt. Bientôt nous
souhaiterons la bienvenue à la nouvelle année, et si
nous avons usé sagement de l'Hiver, si nous n'avons
ramassé ni rhume tenace, ni rhumatisme, ni bronchite, si nous avons bien travaillé, nous nous serons
enrichis de quelques mois de bonne vie.

L'Hiver n'est-il pas le temps des études, de la
réflexion, des pensées sérieuses?... Les fleurs ne
vous sautent plus aux yeux, les rossignols et les
fauvettes ne vous étourdissent plus de leur ramage,
le soleil ne vient pas vous visiter de si matin, ni
vous inviter à une flânerie ou à une promenade.

Rien enfin ne vient nous distraire. *Nous pouvons
travailler.*

Je sais bien, et j'en gémis pour vous, il faut se lever à la lumière, faire sa toilette à l'eau froide, prendre sa plume ou son crayon en silence et remplir quelquefois d'études ses longues soirées. Je sais tout cela.

Voilà les grands torts de l'Hiver.

Voilà pourquoi vous-mêmes vous seriez tout disposés à en dire du mal.

Ah! mes enfants, il n'y a que les pauvres, les vieillards, les malades surtout qui ont le droit de se plaindre de cette saison dure pour eux. Les privations y sont en effet plus pénibles à supporter. Dans l'âpreté de l'Hiver, que de dénûments, que de souffrances à secourir!

Mais vous, qui possédez le pain, le feu, l'abri et des parents toujours en éveil sur vos chères santés, n'ayez pas la lâcheté d'accuser l'Hiver de rigueur. Sachez jouir de ce qu'il a de bon en lui.

Allez donc courageusement mettre en œuvre et vos doigts et votre esprit. Lisez, lisez beaucoup; instruisez-vous, et vous aurez pour récompense, si vous habitez la ville, tous les plaisirs intelligents qui s'y trouvent : si vous vivez aux champs, vous aurez toute la joie qu'on éprouve à courir par un

beau temps sur un grand tapis de neige. Vous souvenez-vous des pyramides de l'an dernier, de ces
boules que vous vous jetiez aux épaules... ou
ailleurs?

Et comptez-vous pour rien le spectacle de ces
arbres d'où pendent le givre semblable au cristal,
et ces branchettes toutes grésillantes qui font du
bruit au moindre vent?

N'est-ce rien que de voir tomber la neige à gros
flocons? D'abord rare et légère, elle se presse, grossit et tombe en formant partout cette belle nappe du
plus beau blanc qui soit au monde. C'est splendide!

La décoration change, le ciel est devenu bleu,
les arbres nous offrent par la multiplicité de leurs
branches d'un fauve foncé l'aspect d'un réseau de
broderie noire se dessinant, tantôt sur le disque
rouge du soleil, tantôt sur une teinte d'un beau gris,
tantôt sur la face de la lune. La campagne se voit
au travers de ces grands noyers qui bordent la
route; c'est *Fontenay-aux-Roses* avec sa colline
blanche peuplée de moulins bruns; ce sont les coteaux de *Bagneux* ou ceux de *Plessis-Piquet,* tous
dorés plus ou moins de quelques rayons échappés
des nuages. Au retour, ce seront les châtaigniers
d'*Aulnay* aux troncs puissants, aux formes étranges;

ce seront les chênes immenses dont la tête conserve encore une couronne de feuilles rousses. Voilà, certes, des promenades admirables et des points de vue dignes de nous arrêter en chemin!

D'ailleurs, dans cette vie passée à la campagne, et que tant de gens frivoles redoutent, ne trouve-t-on pas, comme à la ville, les bonnes lectures au coin du feu, les douces et intéressantes causeries, le thé bouillonnant, les marrons rôtissant? N'y célèbre-t-on pas cette charmante fête de Noël que je préfère à toutes, parce qu'elle est vraiment empreinte de cette vieille poésie qui s'attache à la naissance du Christ, et dont aucune autre n'offre l'attrait? Vous qui connaissez les jolis contes de Noël, dites s'ils ne sont pas délicieux.

Et puis, après Noël, vient le jour de l'an, qui a aussi son importance et qui ne manque pas de profits pour vous. A la ville ou à la campagne, est-ce que les étrennes ne tombent pas drues comme les épis pendant la moisson?

Ce qui m'amuse ce jour-là, c'est la grimace que font les avares, au moment d'ouvrir leur bourse; c'est de voir cette masse d'ennuyés du jour de l'an. Tout devient pour eux embarras et soucis. Ils ne se prêtent à nulle gaieté, à nul entrain. Du matin au

soir vous leur entendez dire que le jour de l'an est
un jour assommant, un moment ruineux. Eh! mon
Dieu, ne donnez que ce que vous pouvez, et offrez-le
de bon cœur. Vient le tour des mécontents. Ceux-
là se plaignent de la maigreur de leurs étrennes, de
la parcimonie des maîtres, des supérieurs, etc., etc.

Mais, à part tous ces troubleurs de fête, vienne
le jour où les amis anciens et nouveaux s'asseoient à
notre table, le cœur plein de bons souhaits pour
l'année nouvelle et les poches pleines de ces baga-
telles qui font toujours plaisir, et ce jour-là donnons
un souvenir à nos chers absents.

Oui, mes enfants, l'Hiver a, comme toutes choses,
ses plaisirs, ses joies et ses nuages. C'est à nous de
chercher les uns et de laisser passer les autres.
L'Hiver est sain et bon pour ceux qui en usent
prudemment. Me direz-vous quelle est la saison où
nous soyons à l'abri de tout mal?

Il est certain que nous regardons trop peu la nature, pendant les mois rigoureux de l'Hiver; si,
dans cette saison, elle porte un caractère grave, si sa
beauté est austère, elle n'en a pas moins de la grandeur, et l'œil, pas plus que l'esprit, n'en revient
attristé. Des plaques de mousse d'un vert admirable
n'entourent-elles pas les plus vieilles écorces? le li-

chen bleuâtre ne garnit-il pas la pierre immobile?
l'herbe vivace ne se montre-t-elle pas partout?

Parcourez un bois : la vie y circule encore;
un oiseau jette un cri, un animal court dans les
broussailles, une branche se casse, un gland
tombe, les bûcherons arrivent avec leurs cognées
et vont animer de leur travail tout l'intérieur de la
forêt.

Oui, je le répète, l'Hiver, dans toute son indi-
gence, l'Hiver, avec ses âpretés, nous apporte,
sinon plus de ravissements, au moins d'autres bonheurs que la profusion des beaux jours.

Aussi je vous défends absolument de dire du
mal de cette pauvre saison, d'en parler à l'étourdie.
C'est votre mollesse qui vous fait tant craindre
l'Hiver.

Car si vous aviez le courage de sauter lestement
à bas du lit, de vous laver d'eau froide des pieds à
la tête plus lestement encore, vous en ressentiriez
un bien-être, un surcroît de vie et de force inexpri-
mable. Essayez.

Je conviens que l'Hiver n'a pas les grâces du
Printemps, il n'est pas souriant comme lui; mais
c'est à nous de lui faire des avances; il deviendra
certainement plus aimable.

Quels sont, en définitive, les gros méfaits de l'Hiver? Le *froid,* la *neige,* le *vent.*

D'abord, le vent est de toutes les saisons.

J'imagine que vous n'oserez rien dire contre la neige et le givre dont les effets sont si ravissants.

La neige est si belle par sa blancheur, si féconde par le bien qu'elle fait à la terre, et se prête si complaisamment aux boulettes que vous lancez à vos camarades!...

Reste donc le froid.

Eh bien! bravez-le, moquez-vous de lui. Les insectes, les chenilles, surtout, savent bien s'en défendre. Elles se cachent dans les feuilles persistantes dont elles se font un lit.

Et l'hirondelle! croyez-vous que c'est le froid qu'elle craint en s'éloignant de nous? Non, elle va en Afrique chercher pour vivre des insectes qu'elle ne trouve plus dans nos climats. D'ailleurs, si des bêtes plus ou moins chaudement habillées par la nature savent se garantir des rigueurs de l'Hiver, ne devons-nous pas sans nous plaindre en faire autant?

Retenez bien ceci, mes chers enfants, c'est que sous le silence apparent de la nature, sous cet engourdissement qui nous attriste parfois, si la séve

est suspendue, si la terre fatiguée se repose, il y a
encore une vie intérieure qui règne et qui demeure;
c'est à nous de le savoir, de la trouver et d'en
jouir.

LE CORPS

LE CORPS. — LE CERVEAU. — LES NERFS.

LE CORPS

Rendons grâce à Dieu, mes enfants, de posséder
la plus merveilleuse des hôtelleries, la plus com-
mode, la plus belle, celle où l'on trouve les choses
les plus variées et les plus agréables.

Cette hôtellerie, c'est le corps.

Celui qui nous en a fait don nous l'a donné presque toujours en bon état : aussi c'est presque toujours nous qui le gâtons, car tout s'y trouve; tous
nos besoins et tous nos plaisirs y ont été préparés.

Certes, une maison déserte n'aurait pas besoin
d'être soignée; mais celle qui a l'honneur de loger
un hôte tel que l'âme, ce beau rayon de la Divinité,
doit être tenue comme serait celle d'un grand seigneur.

Aussi l'hygiène peut-elle être considérée comme
la première gouvernante de cette hôtellerie.

C'est bien elle, en effet, qui met partout cette
superbe ordonnance qui lui convient.

C'est elle qui dit admirablement que ce qu'il y a

13.

de meilleur en ce monde, *c'est un esprit sain dans un corps sain.*

Écoutez-la donc et profitez de ses leçons.

Pour le vulgaire, dit-elle, vivre, c'est tout simplement manger, boire et s'amuser.

Pour celui qui réfléchit, c'est connaître la propriété et les qualités des choses qui sont à son usage.

Pour le vulgaire, vivre, cela suffit.

Pour un digne habitant de l'hôtellerie, la grande affaire, c'est de vivre sainement; *c'est d'entretenir* toutes ses facultés en bon état.

Réglez vos repas, votre appétit, votre sommeil, votre travail. Soyez gais, s'il est possible, ou, tout au moins, chassez les idées noires comme on chasse les mouches importunes.

Fuyez les discussions trop vives.

L'estomac, ce grand organe, n'aime pas les querelles. Il veut qu'on cause doucement, agréablement, quand il se met à la besogne.

Je dois vous dire, en passant, qu'on appelle *organe* chaque partie du corps remplissant une fonction nécessaire à la vie.

Il en est d'obscurs, comme l'estomac.

Il en est d'apparents, comme l'œil, le nez, l'oreille,

la main, etc.; encore ne voyons-nous pas les nerfs, les muscles qui les font agir.

Je vois ma main qui écrit, mes doigts qui tiennent la plume, mais c'est tout.

La peau même est percée d'une multitude d'ouvertures appelées *pores,* qui, par parenthèse, se bouchent très-aisément par la crasse et la poussière. Cette peau est composée de deux parties : le *derme* sur lequel l'impression se fait sentir, et l'*épiderme* qui le recouvre. Cet épiderme est une sorte de vernis qui, par un usage journalier, peut devenir semblable au cuir. Voyez la main d'un ouvrier.

La peau est donc aussi un organe.

Vous savez, ou vous ne savez pas, que la transpiration porte avec elle une odeur un peu désagréable, et que cette transpiration sort de la peau comme au travers d'un tamis.

Vous comprenez dès lors, puisque nous transpirons toujours, que le corps n'est pas toujours parfumé.

Jugez combien il faut le laver, le frotter, le nettoyer des pieds à la tête, ce pauvre corps.

Il y a des maux qui viennent lentement, mais qui viennent à coup sûr.

Ce sont ceux qu'engendre la malpropreté.

Or, vous savez qu'il est une race inaperçue d'**êtres** qui ne vivent que de notre substance.

Race perfide que rien n'annonce, qui se trouve dans l'eau que nous buvons, dans les aliments que nous prenons, dans l'air même que nous respirons.

Sans doute, il faut bien nous résoudre à boire, à manger, à respirer, sans nous en préoccuper.

Il en existe même dans la poussière qui vole.

Il en est qui s'attachent à la racine des cheveux, qui s'attaquent à la peau, qui se prennent à tout.

C'est de cette race-là qu'il faut se défier.

Oui, mes enfants, défiez-vous des ennemis qui ne se montrent pas, de ces infiniment petits qu'on appelle *animalcules*.

Puisqu'ils nous environnent de toutes parts, c'est donc de toutes parts qu'il est nécessaire de se défendre.

C'est de toutes parts qu'il faut leur faire la guerre, et le seul moyen est de nous entretenir dans un grand état de propreté.

Mais c'est dans l'air surtout, quand il n'est pas très-pur, qu'il en existe une grande quantité.

Il y a aussi des airs gâtés qu'on appelle *miasmes*. C'est d'eux que naissent trop souvent les *épidémies*, qu'il ne faut pas confondre avec l'*endémie*, parce

que ce mot définit une maladie existant habituelle-
ment dans une localité, et qui est encore souvent
produite par un mauvais air.

L'air, comme vous le voyez, joue chez nous un
rôle si considérable, qu'il en est question à tous les
moments de la journée.

Aussi, dès que vous êtes levés, la première chose
à faire est de vous revêtir à la hâte et d'enfiler vos
pantoufles, pour éviter la surprise d'un air plus froid
que celui que vous trouviez au fond de votre lit.
Vous ne savez pas quel désordre se fait en nous,
quand nous respirons *sans transition* un air trop
froid. Cet air glace notre sang, et, une fois que les
poumons sont fâchés, cela n'en finit plus. On
tousse, on a la fièvre; adieu le bon appétit, adieu les
courses dans les bois; il faut se promener dans son
lit, où il n'y a guère de place. On boit de la tisane
dont le nom seul prouve que vous êtes malade.
Cela n'est pas gai.

La seconde chose est d'ouvrir la fenêtre le plus
tôt possible, afin de chasser l'air que vous avez
exhalé pendant la nuit.

Vous ne pouvez pas vous imaginer à quel point
il est détestable, à quel point votre pauvre poitrine
a besoin d'*air vital!*

De l'air! de l'air donc! et à toute volée!

Après avoir procédé à votre toilette, après avoir bien secoué vos cheveux, il est utile de bien vous rincer la bouche. Les dents, au milieu desquelles des parcelles d'aliments se logent et se corrompent vite, veulent être propres.

D'ailleurs, vos dents ne s'en porteront que mieux. Et vous les conserverez plus longtemps, si, d'autre part, par un déplorable enfantillage, vous ne brisez pas sur elles des noisettes ou des noyaux.

Gare le dentiste!

Combien de jolies dents ai-je vues tomber par de pareils exploits!

Et puis, la propreté n'indique-t-elle pas le respect qu'on a de soi-même? la dignité n'en dépend-elle pas? La propreté qui règne dans une maison n'en annonce-t-elle pas l'honnêteté?

Une bonne habitude encore à prendre serait de vous lever de grand matin après un sommeil de sept à huit heures.

Ah! les excellents moments que ceux qui suivent le lever du soleil!

L'hygiène comprend donc toutes les habitudes

saines, soit au physique, soit au moral, car tout s'enchaîne.

Si votre estomac est trop chargé, votre esprit s'en ressentira.

Si votre imagination est trop frappée, les fonctions digestives s'arrêteront.

Fuyez donc tout ce qui est excessif, car tout ce qui est excessif mène à un désordre.

Évitez les lectures trop émouvantes, celles qui ne laissent rien de bon à l'âme ou qui ne vous apprennent rien d'utile.

Les premières vous troubleront l'esprit; les secondes vous le creuseront.

Tâchez de rester toujours maîtres de votre raison, si vous voulez, par elle et par votre santé, arriver à une heureuse longévité.

Car ces deux hygiènes, l'une morale, l'autre physique, se complètent l'une par l'autre.

Elles font jouir de la vie dans sa plénitude et son bonheur, et, quand il faudrait acheter ces deux choses au prix de quelques privations, ces deux choses en valent la peine.

Ce faisant, vous n'aurez pas la sottise de calomnier votre existence, comme font les gens qui n'ont pas su en connaître le prix.

Et vous n'aurez pas la honte d'avoir, par votre faute, provoqué une vieillesse prématurée, tout en accusant Dieu de vos infirmités.

Avez-vous déjà entendu dire que tous les sept ans environ notre corps est tellement modifié dans ses éléments que nous n'avons plus absolument les mêmes ongles, la même peau, les mêmes cheveux?

Oui, mes amis, les maçons du bon Dieu, plus habiles que les nôtres, remplacent, à mesure qu'ils s'usent, tous les matériaux du corps.

Que pensez-vous de cette merveille-là?

Il serait donc bien fâcheux, je pourrais dire honteux, de ne pas tirer tout l'avantage possible d'un corps pourvu de si merveilleux organes et qui a l'honneur de posséder une âme telle que nous avons le droit de l'élever jusqu'au ciel et de la croire immortelle.

Humilions le corps pour abaisser notre orgueil, mais exaltons-le pour honorer l'œuvre de Dieu.

LE CERVEAU

. . . . croit-on
Que le ciel n'ait donné qu'aux têtes couronnées
De l'esprit et de la raison,
Et que de tout berger, comme de tout mouton,
Les connaissances soient bornées?

LA FONTAINE.

A la tête de nos organes, mes jeunes amis, il faut sans contredit placer le cerveau. Car s'il n'a pas par lui-même la faculté de sentir, il n'en est pas moins le centre et le siége exclusif de la sensation, quand il entre en relation avec les nerfs.

Ce nouveau et très-important personnage qui fait suite à la moelle épinière est traversé par des fibres sans nombre, et son poids est à peu près de deux livres.

Une membrane, la *dure-mère,* l'entoure de toute part. Grâce à elle, rien ne se déplace dans notre pauvre cervelle, si rudement secouée parfois; puis, pour plus de sécurité encore, un liquide séreux circule dans cet organe disposé en labyrinthe et en adoucit les chocs.

Le cervelet, qui se trouve à la base du cerveau, ne brille vraiment pas par la mine, car il ressemble juste à un petit paquet de linge chiffonné, parsemé de fins et légers rameaux.

Ces rameaux aboutissent à un tronc qu'on appelle *arbre de vie.*

Convenez que ce nom-là est bien joli.

Non loin de là existe une espèce de pont, le *pont de Varole.*

De ce pont partent des milliers de nerfs qui descendent de chaque côté d'un canal, rempli de cette belle moelle épinière que vous connaissez.

Dans les environs se remarque une certaine glande fort intéressante. Elle a la forme d'une pomme de pin; aussi la nomme-t-on *glande pinéale.*

Un jour, un très-grand philosophe crut s'apercevoir que de cette glande sortait, comme d'une source merveilleuse, le plus pur et le plus subtil de nos esprits.

Je vous laisse à penser la gloire de la glande et la joie de la découverte.

Mais si la source merveilleuse est encore à l'état de problème, la glande ne l'est pas.

Il me semble que tout ceci ne manque déjà pas d'intérêt. Attendez.

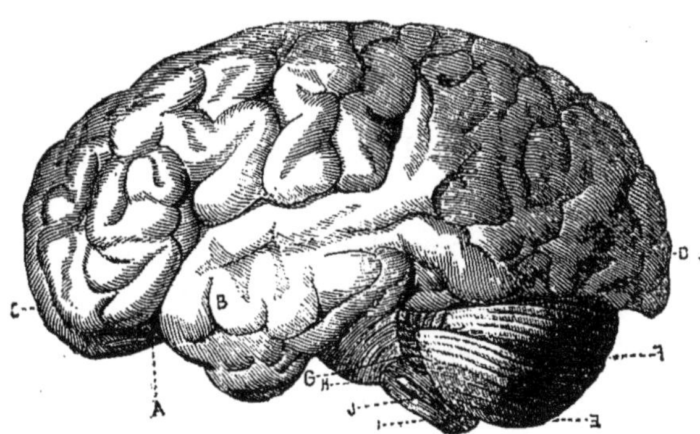

A. Origine de la scissure de Sylvius. — B. Lobe postérieur. — C. Lobe antérieur. — D. Extrémité postérieure du lobe postérieur. — E. Cervelet. — F. Scissure moyenne du cervelet — G. Lobule du pneumogastrique. — H. Protubérance annulaire. — J. Olite. — I. Bulbe rachidien.

Aux environs et au bas du cervelet existe une matière renflée et globuleuse de la moelle épinière qu'on nomme *bulbe*. C'est là que plusieurs savants placent le siége de l'intelligence.

Le difficile est de s'en assurer.

Ce qu'il y a de certain, c'est que, dans un petit coin de cet organe, est situé le *principe régulateur de la respiration,* et en partie celui de la *locomotion.*

Ce *bulbe,* comme tout ce qui l'avoisine, possède encore une plus haute fonction : celle de transmettre au cerveau les impressions qu'il reçoit des nerfs.

Outre ce *bulbe,* nous avons aussi dans le cerveau des parties saillantes et arrondies qu'on nomme *lobes.*

C'est chez eux, comme dans un laboratoire secret et sacré, qu'on juge les sensations, qu'on les apprécie; c'est là, dit-on, que se forment les idées.

Ce *bulbe* et ces *lobes* contribuent aussi à des fonctions de mouvement et de sensibilité, tant ces merveilleux organes se rendent mutuellement service; ah! que n'agissons-nous comme eux! Nous remplacerions cette maxime trop répandue : *Chacun pour soi et Dieu pour tous,* par celle : *Dieu pour chacun et chacun pour tous.*

Quel profit l'humanité en retirerait!

Grâce à Dieu! dans notre royaume *intérieur,* c'est cette dernière maxime qui prévaut. Aussi chaque organe ne s'en porte que mieux. Sauf les accidents, tout y est toujours d'accord. Les ouvriers s'entr'aident. C'est plaisir de les voir au travail!

Vous n'y trouverez jamais de divisions que celles que vous y sèmerez par vos désordres ou vos imprudences.

Ils ne connaissent que les injures du temps, et encore !

Il faut convenir, mes amis, qu'une des plus charmantes facultés du cerveau est bien certainement la mémoire, ce registre toujours ouvert des souvenirs, dans lequel..... malheureusement nous fourrons tant de choses mauvaises, inutiles, et où nous mêlons pêle-mêle tant de sottises et de vérités !

Mais si, au travers de tout ce mélange, nous restons cependant un peu raisonnables, il en faut remercier Dieu.

Car si l'on faisait de la mémoire une bonne petite bibliothèque, combien le passé acquerrait de valeur !

Combien ce miroir de notre vie, ce reflet admirable des pensées et des choses consolerait notre vieillesse qui garde plus volontiers les vieux souvenirs que les jeunes !

L'imagination, direz-vous, est bien préférable. Elle a des ailes d'or. Plus séduisante que le souvenir, elle ouvre les pays de l'avenir, de l'avenir !.....

Il est vrai : l'imagination est pleine d'attrait, mais cet avenir que vous vantez si haut, que vous aimez tant, n'a de charme que parce qu'il représente l'inconnu, triste souvent et souvent plein d'orages!

Et d'ailleurs, le temps qui va naître, et après lequel vous soupirez, ne tombe-t-il pas aussitôt dans le temps qui n'est plus?

Tandis que dans la mémoire, comme le dit si bien M. Guizot, « un grand bonheur passé est une lumière dont le reflet se prolonge sur les espaces même qu'elle n'éclaire plus ».

Oui, il est bien vrai qu'au travers de nos larmes ou de nos regrets, il reste encore au cœur tendre la reconnaissance des biens qu'il a goûtés; et la mémoire se complaira toujours à se retracer les heures vraiment bonnes de la vie.

Ah! mes amis, occupez-vous d'elle. Déroulez-la de temps en temps, cette précieuse mémoire. Inscrivez-y quelques extraits de bons livres, quelques pensées de ces écrivains dont les ouvrages ne laissent dans l'esprit que de douces et saines vérités.

Et puis, secouez-en parfois les feuillets pour que la poussière n'y entre pas. La mémoire a besoin d'être entretenue. Si vous saviez de quel secours elle est dans un âge avancé!

LES NERFS

Mais comment de ces nerfs le mobile faisceau
De notre âme à nos sens, de nos sens à notre âme,
Va-t-il du sentiment communiquer la flamme?

DELILLE.

Mes chers enfants, apprenez de moi que la nature
ne s'est pas contentée de revêtir nos os de graisse
et de muscles, — c'est-à-dire de chair : elle a
encore donné à tout cela des conducteurs, attendu
que les os et les muscles ne pouvaient pas agir tout
seuls.

Ces conducteurs furent les *nerfs*.

Ce sont eux, en effet, ce sont ces petits cordons
blancs très-résistants et qui n'ont l'air de rien, qui
mettent en communication le cerveau et la moelle
épinière avec la circonférence du corps, et qui transmettent les sensations au centre et les volontés à la
circonférence.

Les nerfs, comme beaucoup d'autres organes,

demandent de très-grands ménagements. Pour une bagatelle, pour la moindre contrariété, ils se fâchent souvent tout de bon et gardent rancune.

Assez semblables à des fils électriques, les nerfs se divisent par paires, marchent deux à deux et sont enveloppés d'une mince gaîne élastique qui les protége dans leur parcours.

Partis du cerveau ou de la moelle épinière, ils en sortent au moyen de petits trous pratiqués le long de l'épine dorsale (vous savez que cette épine est un véritable canal); puis les nerfs se répandent dans toutes les parties du corps jusqu'à l'extrémité même de nos doigts, et aboutissent finalement à l'épiderme.

Il y a des nerfs qui servent aux fonctions de la vue, du goût, de l'ouïe, de l'odorat, etc. En général, ils président à tout et se mêlent de tout, de tout ce qui les regarde, bien entendu.

Les nerfs, très-serrés au départ de leur centre commun, ne se confondent pourtant jamais.

Voilà qui est admirable.

Comme les serviteurs d'une maison bien ordonnée, chacun a une fonction qui lui est propre; ce qui ne les empêche pas de se rencontrer en chemin et de causer de leurs petites affaires.

Mais n'ayez point de souci; ils ne gaspilleront pas leur temps; ils ne perdront pas leur message en route.

Ces braves serviteurs ne font pas, comme nous, l'école buissonnière. Ils vont droit devant eux.

Quand ils ont reçu l'ordre de faire marcher le pouce, il n'y a pas de danger qu'ils portent leur commission au petit doigt.

Et quand nous voulons regarder quelque chose, ce ne seront certainement pas les nerfs du nez qui agiront.

Recevez-vous une joyeuse nouvelle? Vous arrache-t-on une dent? Cette fois, tous les pauvres nerfs se mettent à la besogne et sont en l'air.

Si vous voulez rire, ils vous apporteront le rire; ils s'y prêteront même.

Si vous pleurez, si vous souffrez, ce sont eux qui vous donneront les larmes et la douleur; car ce sont eux qui souffrent et qui vous font souffrir.

C'est à nous de rire le plus que nous pouvons.

C'est à nous de souffrir le moins qu'il est possible.

Et le moyen? C'est d'éviter le mal au lieu de l'attendre avec de l'imprévoyance ou de le pro-voquer; comme on fait malheureusement trop souvent.

Il y a plusieurs ordres de nerfs :

Ceux qui agissent par le fait de notre volonté, et ceux qui s'en passent. Il est évident que pour travailler dans l'intérieur du corps, ceux-là n'ont pas besoin de nous.

Ce dernier ordre-là s'appelle le *grand sympathique*.

Les nerfs qui naissent du *cerveau reçoivent les sensations et transmettent les mouvements volontaires*.

Les nerfs qui naissent de la *moelle épinière* ont surtout pour devoir, après qu'ils en ont reçu la commission du cerveau, bien entendu, de donner la *première impulsion du mouvement*.

Ce qu'il y a de curieux, c'est qu'on est parvenu à distinguer, dans ces légers filets, ceux qui impriment le mouvement de ceux qui donnent la sensibilité.

On sait aussi comment, en réglant la marche du sang, les nerfs excitent les fonctions régulières du cœur et, excités à leur tour par l'afflux du sang que leur portent les artères, peuvent également exécuter tous les ordres qu'ils reçoivent.

Si donc vous voulez que vos nerfs soient doux et dociles, soyez comme eux doux et calmes.

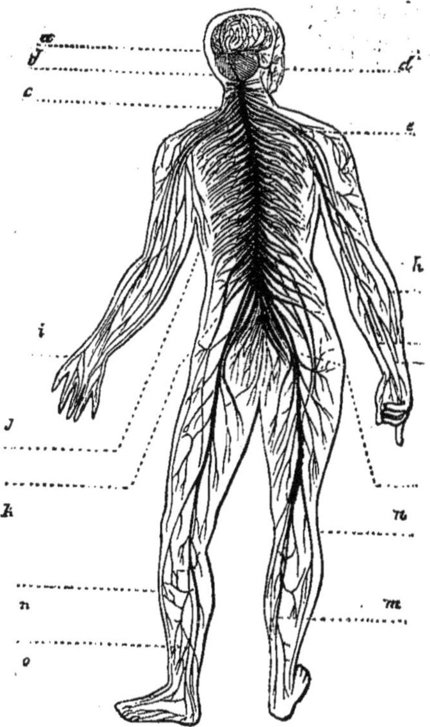

LE SYSTÈME NERVEUX.

a, cerveau; *b*, cervelet; *c*, moelle épinière; *d*, nerf facial; *e*, plexus brachial formé par la réunion de plusieurs nerfs; *f*, nerf médian du bras; *g*, nerf cubital; *h*, nerf cutané interne; *i*, nerf radial; *j*, nerf intercostal; *k*, plexus fémoral; *l*, plexus sciatique; *m*, nerf tibial; *n*, nerf péronier; *o*, nerf saphène.

Soyez-en les maîtres, si vous ne voulez pas en devenir les esclaves.

Vous avez dû remarquer que, lorsque le cœur s'agite, on s'arrête sous une émotion violente, on se trouve mal, on perd connaissance. Cela est même très-désagréable et vient de ce que, les nerfs suspendant leurs fonctions, la circulation se fait alors tout de travers.

Qui ne sait la différence qu'il y a entre donner une tape ou la recevoir? Je n'ai pas besoin de vous l'apprendre.

Mais ce qu'on ne sait pas, c'est la manière dont les choses se passent.

Un mauvais conseil sort-il du cerveau? Si votre volonté ne vient pas arrêter votre main, la tape sera lancée, je vous en réponds.

Ce même cerveau, vous dit-il, au contraire de prier, d'écrire, de regarder le ciel? Votre sagesse pèse ces mouvements, et vous les accomplissez avec la rapidité de l'éclair.

Reçoit-on une injure, un coup de poing, se brûle-t-on le doigt, la honte et la colère, les douleurs vives et variées qu'on éprouve vont immédiatement par les *nerfs sensitifs* se plaindre au cerveau, lequel

met aussitôt en jeu les nerfs du sentiment. Nous
nous consolons de l'injure comme nous pouvons,
selon le degré et la manière dont nous pratiquons
la philosophie ou les conseils de l'Évangile.

Mais plus vivement encore nous soignons la partie
du corps qui a été frappée ou brûlée.

Enfin nous agissons, et prestement encore.

Voilà, convenez-en, mes bons amis, des organes
conducteurs bien avisés et bien actifs, et je voudrais
bien savoir si ces grands faiseurs de mécaniques superbes, si fiers de leurs œuvres, si les esprits qui
prétendent que nous ne sommes que le fruit du hasard, sont dignes de posséder ce temple magnifique,
ce corps distribué avec tant d'art, de précision et
de prévoyance !

Temple destiné sans doute à la poussière, comme
toutes les choses périssables ;

Mais où l'idée de Dieu a été conçue et gravée.

———

LA RESPIRATION

LARYNX. — TRACHÉE-ARTÈRE. — BRONCHES.
— POUMONS. — GAZ OXYGÈNE. — ACIDE
CARBONIQUE.

LA RESPIRATION

Mes jeunes amis, vous avez dû voir souvent à la boutique des bouchers de grands mous de bœuf ou de mouton, qui ressemblent passablement à des éponges roses.

Ces éponges sont des *poumons*.

Si vous les avez un peu observés, vous vous êtes aperçus qu'ils sont composés d'une grande quantité de petites cellules destinées à recevoir l'air et le sang.

C'est pour le coup qu'avec ces messieurs-là il serait dangereux de plaisanter. Songez donc! Ils accomplissent une des plus importantes fonctions de la vie :

La respiration.

Comment vous peindrai-je ce qui se passe chez eux?

C'est si merveilleux, si mystérieux, qu'on le jugerait incroyable, si l'on n'était pas sûr du fait.

Suivez-moi bien :

Au travers des tissus de ces infiniment petites chambres ou cellules, le sang vient chercher l'air, comme l'air vient chercher le sang.

C'est un véritable rendez-vous qu'ils se donnent.

Le sang, au moment où il entre dans les poumons, est vicié, rempli d'ordures, et chargé d'*acide carbonique,* ce fruit du mariage de l'*oxygène* et du *carbone.*

Aussi le sang, qui le sait, s'empresse-t-il de le jeter au nez de l'air qui, descendu dans les poumons, a la générosité, en échange de ce mauvais *acide,* de lui apporter un gaz excellent : le *gaz oxygène.*

J'ai dû vous le dire, mais je le répète encore : le jour, l'oxygène que contiennent les fleurs nous est donné en échange de l'acide carbonique que nous leur offrons. La nuit, c'est tout autre chose. La fleur garde le bon air pour elle, c'est-à-dire l'oxygène, et ne nous envoie que le mauvais, c'est-à-dire l'acide carbonique. Voilà pourquoi il ne faut pas garder de fleurs dans sa chambre à coucher.

En aspirant l'oxygène, nous aspirons donc un air nécessaire à l'entretien de notre existence.

Et nous en expirons un qui n'a plus du tout de valeur pour nous.

Maintenant considérez d'ici, si vous pouvez, ces petites chambrettes du poumon, distinctes l'une de l'autre, et séparées seulement par une mince cloison.

Vous les verrez recevant obscurément deux visiteurs : l'air d'un côté, le sang de l'autre.

Le premier offre ses présents, le second apporte ses scories. Et cela au travers de cette tapisserie.

Que pensez-vous de cette merveilleuse organisation?

Mais cet air du dehors vient chez nous si naturellement que nous l'attirons et le repoussons tour à tour sans nous douter de sa présence, sans seulement savoir s'il est pur ou médiocre. Il n'y a que les poumons qui le savent.

Remarquons-nous seulement que l'air pénètre dans notre poitrine un peu comme il pénètre dans l'intérieur d'un soufflet?

La différence, c'est que le soufflet n'est qu'une machine, employée par nous, rendant l'air tel qu'il l'a reçu ; tandis que, à la honte de nos organes, nous le rendons tout souillé.

Voilà bien pourquoi nous le mettons si incivilement à la porte.

Oui, mes enfants, nos poumons, grâce au carbone, deviennent de véritables machines à charbon. Le mot est exact. Et cela est si vrai que parmi les aliments que nous prenons, qui tous plus ou moins servent à la nutrition, c'est-à-dire à la nourriture de nos organes, il en est qui sont irrévocablement condamnés à être *brûlés* par l'*oxygène* combiné avec le sang : tels sont les graisses, le sucre, les alcools, etc., etc.

Mais ce qu'il y a de curieux, c'est que notre nourriture a beau changer, se modifier avec les climats, notre température reste la même.

Il faut à tout prix que notre corps entretienne ses trente-sept degrés de chaleur.

Il n'y a pas à en démordre.

Il suffira donc à un Indien de se nourrir d'une poignée de riz, à un Égyptien de se contenter de quelques oignons.

Un Lapon absorbera quelquefois pour toute subsistance de l'huile de baleine, et ne s'en trouvera pas plus mal.

Que voulez-vous? Le premier n'a pas besoin de plus. Le second satisfait son estomac avec ses oignons. Le troisième avale sans broncher son huile de baleine. Et tous trois conserveront néanmoins leurs trente-sept degrés de chaleur.

Pour s'en assurer, savez-vous ce qu'ont imaginé
les savants? Ils ont employé le *mercure*, ce métal
liquide que vous connaissez déjà, qui a la propriété
de se dilater sous la chaleur et de se contracter
sous le froid. Ce *mercure*, logé dans un tube de

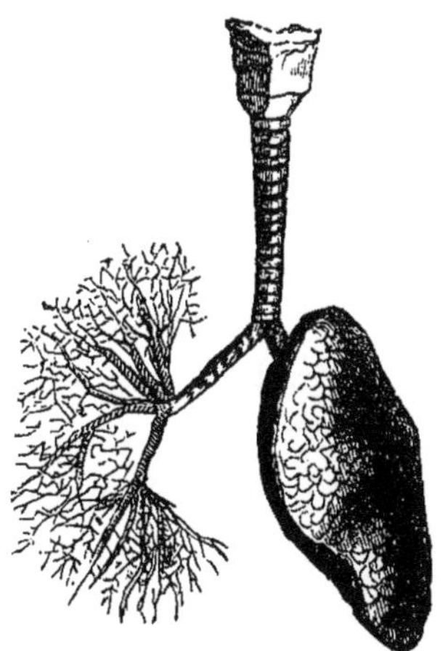

POUMONS ET TRACHÉES DE L'HOMME.

a, larynx ; *b*, trachée; *c*, division des bronches; *d*, un des
poumons.

verre où sont écrits les différents degrés, est placé
dans la bouche, et, quels que soient le lieu où l'on
se trouve, la température qui vous entoure, ce petit
thermomètre marquera toujours ses trente-sept
degrés.

15

Ne garderez-vous donc pas dans la mémoire l'histoire merveilleuse du soufflet vivant que Dieu a créé au fond de votre poitrine?

Pourrez-vous oublier cette rencontre si singulière de l'air et du sang, qui se fait au travers des cellules de nos poumons?

Ne vous rappellerez-vous pas que c'est bien le *gaz oxygène* qui vient en nous pour nous vivifier, et que ce que nous rejetons est de l'*acide carbonique?*

Souvenez-vous de toutes ces choses, mes chers enfants, et remerciez Dieu de s'être si bien occupé de vous.

Les services de l'acide carbonique ne se bornent pas à donner de la vie aux végétaux. On l'emploie de mille façons.

Regardez, par exemple, cette bouteille de bière ou de champagne. On va faire sauter le bouchon.

Patatras! Le voilà parti.

Vous êtes encore tout étourdis du fracas qu'il a causé.

Qu'est-ce donc qui l'a poussé avec cette violence?

C'est l'acide carbonique qui, par la fermentation de la bière ou du vin, y était contenu.

J'aurais bien d'autres phénomènes à vous conter si j'avais la prétention de faire un cours savant d'histoire naturelle; mais ma tâche doit se borner à vous donner un avant-goût de cette étude si intéressante dont les notions générales ne doivent être étrangères à personne.

LA DIGESTION

BOUCHE : ARRIÈRE-BOUCHE, PHARYNX,
OESOPHAGE.
ESTOMAC : PYLORE, CHYME, CHYLE, DUODENUM,
DIAPHRAGME, FOIE, PANCRÉAS, RATE, INTESTINS.

De tous les animaux, l'homme a le plus de pente
A se porter dedans l'excès.
Il faudrait faire le procès
Aux petits comme aux grands. Il n'est âme vivante
Qui ne pèche en ceci. Rien de trop est un point
Dont on parle sans cesse et qu'on n'observe point.

LA BOUCHE

Vous ne pouvez, mes amis, vous imaginer rien de plus surprenant que l'organe dont nous allons vous entretenir.

La Bouche est son nom. Réfléchissez à tous ses emplois.

Par le langage, elle se prête à tout ce que nous voulons exprimer, et son sourire même fait comprendre ce que nous ne voulons qu'indiquer.

Et encore! combien de nuances dans ce sourire!

Voyez déjà comme elle s'ouvre d'elle-même quand nous sommes dominés par un sentiment d'effroi ou d'admiration; comme elle s'appuie complaisamment sur les joues rondelettes d'un enfant! Le baiser d'une mère, est-il rien de plus doux?

Observez encore comme elle est fine, quand elle est sur le point de laisser échapper une malice, quand elle fait deviner un *oui* ou un *non*.

Tout cela est déjà fort gentil, sans doute; mais ce n'est pas tout.

Notre bouche a une langue, une vraie balayeuse qui, en bonne gardienne qu'elle est de l'estomac, goûte et tâte sérieusement tout ce qu'on lui offre, avant de lui rien envoyer.

Je ne vous dirai pas qu'elle n'ait point de flatteurs; il s'en trouve partout, près des rois comme près des enfants. Ces flatteurs sont les dragées, les tartelettes, les sucreries, etc.

Mais il est des bouches sages qui ne reçoivent point de courtisans. Leurs vrais amis sont de bonnes soupes, des rôtis, de solides pommes de terre cuites sous la cendre.

Malheureusement, il est des bouches indociles qui se refusent, en grimaçant, à tout ce qui leur semble désagréable. On a beau dire aux enfants qu'une tasse de tisane guérira leur rhume, et qu'il est aussi nécessaire de ramoner le corps qu'une cheminée, la grimace continue.

Ce qui prouve que la raison est souvent aussi difficile à avaler qu'une médecine. Et c'est cela qui est malheureux!

Mais une fois que la bouche a reçu sa cuillerée de potage ou son petit morceau de pain ou de bœuf, elle ne s'endort pas, je vous assure. La voilà à l'œuvre.

Les gardes solides qu'elle a à son service, les *dents,* se mettent en fonction.

Une voûte palatine, le *voile du palais,* se lève et se baisse à sa volonté.

Plusieurs fontaines, les *glandes,* placées aux alentours, versent, en le sécrétant, un liquide nécessaire à la *mastication.* Ce liquide, c'est la salive.

Enfin, deux lèvres, plus ou moins roses, deux portes charmantes et humides, au défaut de la langue, sauraient encore distinguer si ce qu'on lui offre est du lard ou du poisson, si c'est du sucre ou du sel.

Il y a bien, par-ci par-là, quelques mauvaises drogues qui se glissent parmi les honnêtes gens; mais l'estomac est là, il en fera justice, tant il est vrai qu'il y a une justice partout, même dans nos organes les plus cachés.

Donc, cette foule d'aliments, passant des lèvres dans la bouche, y sont roulés d'une bonne façon; puis, de la bouche, ils se rendent dans un cabinet noir, l'*arrière-bouche.*

Une fenêtre qui s'y trouve donne passage au nez.

En avant, une porte s'entr'ouvre dans le couloir des poumons : c'est le *larynx,* dont je vous reparlerai.

Au fond est une autre porte qui donne dans la chambre du grand maître : c'est le *pharynx.*

Quand les aliments sont arrivés dans cette chambre et près de ces portes, ils trouvent pendue au plafond une glande élastique et rose.

C'est la *luette.*

Cette *luette,* qui est bien apprise, se redresse aussitôt qu'elle voit venir le monde, pour fermer de sa propre personne la fenêtre du nez, afin de le garantir de cette foule.

Ensuite, et voilà ce qui devient encore plus intéressant, les aliments, trouvant deux portes devant eux, ne savent naturellement pas laquelle choisir, quand tout'à coup, et cela par un mouvement nerveux que nous faisons, un pont se baisse sur l'ouverture du larynx. Ce pont, c'est l'*épiglotte.*

Et l'ouverture du *larynx* se nomme la *glotte.* Elle est formée d'une fente cartilagineuse, d'avant en arrière. N'ayant plus qu'une porte devant elle, celle du *pharynx,* vous comprenez bien que toute cette foule s'empresse de l'enfiler, pour descendre tout doucement jusque dans l'*œsophage,* ce grand conduit qui aboutit à l'estomac et dont l'extrémité supérieure se nomme l'*ouverture cardiaque.*

Ce mouvement nerveux que je viens de vous signaler et qui permet aux aliments de traverser le pont et de pénétrer dans le *pharynx,* ce mouvement, cette action d'avaler, se nomme *déglutition.*

Quand vous mangez, ne sentez-vous pas au fond de votre bouche une sorte de gendarme toujours de planton?

Ce gendarme, c'est la *contraction,* qui donne aux nerfs et aux muscles une action de resserrement.

Et cette *contraction,* vous la connaissez depuis que vous êtes au monde; car, chaque fois que vous avalez, vous êtes bien obligé de faire une petite grimace.

Et pourquoi cette contraction? Et que fait-elle là ?

Elle fait, mes enfants, par ce resserrement, ce que fait un sergent de ville qui, dans la foule qui se presse au spectacle ou ailleurs, ne laisse passer que dix personnes à la fois afin d'éviter l'encombrement.

Ne voyez-vous pas que, sans lui, vos aliments dégringoleraient tout d'un coup dans l'estomac?

Déjà vous savez que lorsqu'une miette de pain pénètre dans le couloir des poumons, elle en est rudement chassée par de grandes bouffées d'air. Heureux encore sommes-nous quand, à force d'efforts, nous pouvons l'en déloger; car si elle s'entête, les poumons, qui n'entendent pas raillerie, qui n'aiment pas les intrus, mettront tout le royaume à l'envers.

Un poëte célèbre de l'antiquité, Anacréon, perdit, dit-on, la vie pour un grain de raisin qui, s'étant trompé de route, ne sut pas retrouver son chemin.

Résumons donc cette petite leçon, mes amis, en disant :

1° que le fond de la bouche est l'*arrière-bouche*.

2°   le plafond. . . . . le *voile du palais*.

3°   le gland suspendu. . . . la *luette*.

4°   le couloir des poumons. . le *larynx*.

5°   l'ouverture de ce couloir. la *glotte*.

6°   le pont du larynx. . . . . l'*épiglotte*.

7°   la chambre du grand
            maître. . . . . le *pharynx*.

8°   le corridor de l'estomac. . l'*œsophage*.

9°   l'action d'avaler. . . . . la *déglutition*.

J'ai dû vous dire autrefois quelle était la pesanteur de l'air. Je puis vous expliquer aujourd'hui comment il pénètre de son propre poids de la bouche ou du nez dans le *larynx*, du *larynx* dans la *trachée-artère*, de la *trachée-artère* dans les *bronches*, et finalement des *bronches* dans les *poumons*.

Ai-je besoin de vous apprendre que le *larynx* et la *trachée-artère* sont deux conduits qui se suivent et n'en forment qu'un? que le larynx possède au-dessous de son ouverture, et comme suspendue à un os, une petite boîte à musique des plus curieuses? Un petit muscle approche ou écarte la glotte, fait tendre ou détendre les deux lèvres de cette ouverture, qui ont, en outre, quelques replis membraneux où se trouvent logées les cordes vocales. C'est au travers de ces cordes, de cette boîte, de ces replis, que l'air, chassé des poumons, vient, et, selon la qualité des organes que nous possédons, produit la voix.

Ne vous aurais-je pas expliqué, dans la causerie sur la *respiration*, que la trachée-artère s'abouche aux bronches, sorte d'arbre charnu, très-délicat, très-susceptible, et dont les mille rameaux s'étendent sur les poumons en y versant l'air qui tombe sur eux comme l'eau se répand de la pomme d'un arrosoir?

Quand les bronches sont malades, on dit qu'on a une *bronchite* ou *laryngite*. Défiez-vous, mes enfants, de ces deux personnes-là. Elles sont traîtres, viennent à la sourdine s'implanter chez vous, et semblent n'en sortir qu'à regret.

L'ESTOMAC

C'est avec plaisir, mes chers amis, que je vais vous présenter ce fameux roi qu'on nomme l'estomac, et devant lequel tout le monde s'incline.

C'est, en effet, un très-grand seigneur ; car, outre qu'il possède tous les pays voisins de son empire, comme le marquis de Carabas, il règne par lui-même sur une quantité de sujets.

Il a même à sa disposition une armée de travailleurs qui vont, viennent, portent ses ordres, au sang surtout, ce grand fleuve tout rouge qui coule dans nos veines.

Nous en sommes restés, je crois, à nos aliments, qui descendent tranquillement dans ce long couloir de l'*œsophage*.

Déjà une autre merveille se présente. L'œsophage, comme un grand huissier, ne permet à ces aliments de passer qu'à la condition de s'arrêter d'anneaux en anneaux.

Il paraît qu'il est nécessaire de se reposer à chaque instant dans ce chemin obscur. Et de fait, il serait dangereux qu'ils descendissent tout d'un coup.

Quand nous voulons prendre notre plume, nos doigts obéissent à la volonté; quand nous voulons manger, nous mangeons; quand nous désirons embrasser une bonne amie, nous l'embrassons.

Mais ce qui se passe en nous, c'est la bouteille à l'encre. Tout s'y fait comme il plaît au roi.

Cela est si vrai qu'il nous faut subir, sans rien voir, ses caprices, ses allures, ses passions, qu'il a comme les plus grands monarques de la terre; et ce qu'il y a de pis, c'est que nous ne pouvons pas toujours le corriger, malgré la bonne envie que nous en avons.

Convenez qu'il serait pourtant bien amusant d'apercevoir ce qui s'accomplit dans l'intérieur de ce beau royaume. Mais nenni! il n'y a pas de fenêtre, il n'y a pas même la plus petite ouverture. Le ménage et la politique s'y font en silence par la nature, maîtresse absolue de l'endroit.

Encore faut-il nous tenir contents, puisque des savants ont pu étudier, quoique à grand'peine, quelques-uns des phénomènes qui s'y passent, et

nous expliquer toutes ces métamorphoses et ces
changements à vue,

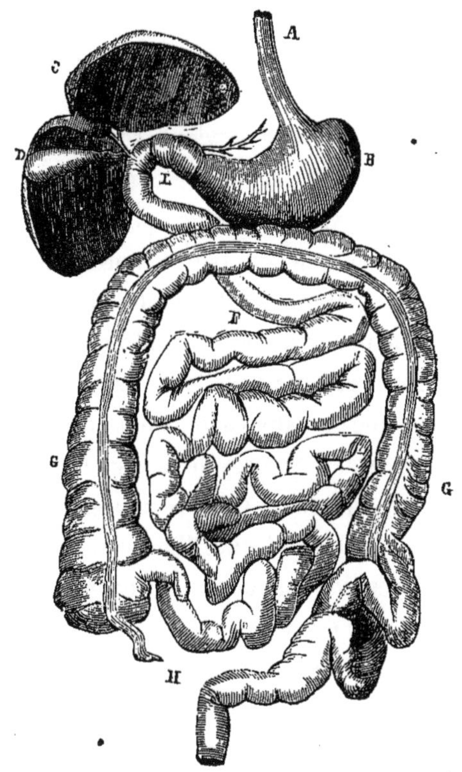

APPAREIL DIGESTIF DE L'HOMME.

A, œsophage; B, estomac; C, foie; D, vésicule biliaire;
F, intestin grêle; G, côlon et gros intestin; I, pylore;
H, app. du cœcum.

On sait par exemple que l'estomac est une poche élastique, ayant un peu la forme allongée d'une poire.

Petite comme un œuf et plissée à l'état naturel, elle s'étale et s'élargit à mesure qu'on lui envoie des aliments.

Une fois remplie, elle devient souvent grosse comme un petit melon et tendue comme un tambour; puis elle se vide, redevient petite, se replie sur elle-même, et peu de temps après elle fait éprouver ces premiers tiraillements, indices de l'appétit, qui, malgré une petite souffrance, ne sont pas sans charme, comme vous le savez.

Mais, hélas! que de pauvres gens ont connu, avec ces indices, les vraies tortures de la faim!

Que de braves créatures en sont mortes !

Que de fois j'ai déploré que l'herbe des prairies ne fût pas mangeable pour nous! Voyez donc quelle ressource en cas de disette!

Quand le repas est fini, quand la porte de l'estomac se ferme, n'entendez-vous pas une voix qui vous crie : Halte-là, là-haut! l'estomac ne veut plus rien?

En effet, il ne peut pas dépasser ses forces, ni recevoir plus de gens que sa chambre n'en peut contenir ; et, d'ailleurs, c'est le moment où il va se mettre sérieusement à la besogne, le moment où il va goûter sa cuisine. Ne l'en détournez pas, je vous en prie. Il est prompt à se mettre en colère ; ah ! mes enfants, si, malgré ses avis, vous lui donniez plus de travail qu'il n'en peut faire, je ne réponds pas de la punition qu'il vous infligerait. Tout se fait à propos dans ce pays-là.

Pour en revenir à ce merveilleux travail de l'estomac, vous n'êtes pas sans vous être aperçus que lorsqu'un rôti est au feu, on le retourne souvent pour qu'il soit bien cuit de toutes parts ; de plus, on l'arrose de graisse pour qu'il ne se dessèche pas. Ce n'est pas tout, votre cuisinière l'assaisonne.

Eh bien, voilà précisément ce qui arrive aux aliments qui, remués et retournés, de droite à gauche, de gauche à droite, finissent par être cuits à point. Un liquide convenable descend de lui-même le long des murailles, qui sont toutes parsemées de petits trous, et ce liquide, ou *suc gastrique,* arrose tout doucement la bonne petite pâtée, en y mettant du sel ; mais il n'abonde qu'au moment où on l'appelle. Ni plus tôt, ni plus tard.

Ne pensez-vous pas, à savoir déjà ce qui se passe en dedans de nous, qu'on ne saurait entourer de trop de respect et d'égards un ouvrier si habile, si courageux ! A peine a-t-il accompli sa tâche qu'il est prêt à recommencer, vous laissant tout loisir de vous livrer au sommeil, de vous occuper de vos affaires, ne demandant, lui, humble et modeste, qu'à travailler silencieusement pour vous, car au moment de sa besogne toutes les portes sont fermées ou devraient l'être.

Quand la cuisine est faite, ce qui demande à peu près deux heures, l'*estomac* prie le *pylore* (ce concierge de l'*intestin grêle*) de lui ouvrir sa porte ; mais ce monsieur-là, revêche comme tout subalterne, vous fouille ; il veut savoir tout ce que vous avez dans votre panier, ainsi que le font les douaniers à la porte des barrières de Paris.

Malheur aux aliments qui sont indigestes! ils ne passeront pas sans sa permission.

Malheur aux noyaux trop gros! il leur fermera rudement la porte au nez !

Dame! il n'est pas complaisant comme la langue, qui a des amis chez tous les pâtissiers.

Au *pylore,* il faut une pâte saine, molle, grisâtre, et d'une odeur qui ne plairait pas à tout le monde, mais qui lui plaît particulièrement.

Enfin, c'est un portier redoutable, qui a le mérite

du moins de bien garder la maison, et qui sait que
de la qualité de ce qu'on lui offre va dépendre le
chyme, ce produit de nos aliments dont je vous
entretiendrai tout à l'heure.

Une fois la porte du *pylore* forcée, un autre
petit estomac se présente : c'est le *duodenum,* qui,
par un assez petit couloir, communique avec l'intestin grêle, intestin, par parenthèse, qui est si long,
si long que, déployé et tendu, il ferait le tour d'une
chambre ordinaire.

D'autres tubes ronds, souples, repliés sur eux-
mêmes en paquet, suivent l'intestin grêle : le long
de leur parcours tout marche pas à pas. Ces tubes
sont les *gros intestins*.

Le pauvre chyme, abandonné de l'*estomac* et du
pylore, achève donc tristement son voyage dans ces
sombres tubes, qui ont toutefois la précaution, au
moyen de portes élastiques placées chez eux de
distance en distance, d'arrêter la marche de ce
malheureux, afin qu'il ne dégringole pas plus vite
qu'il ne faut.

Vous dire qu'ils soient fiers de leurs fonctions,
ces intestins-là, j'en doute, obligés qu'ils sont de
recevoir, sans y regarder de trop près, tous les débris de la cuisine.

Mais laissons là toutes ces fonctions intestinales, et disons qu'il y a encore une chose bien extraordinaire qui s'accomplit en nous, et que les savants, pas plus que moi, n'ont jamais pu ni comprendre ni expliquer.

Comment concevoir, en effet, que les pays que nous venons de traverser soient avertis en un clin d'œil de tout ce qui se passe autour d'eux, absolument comme s'ils avaient à leur service un télégraphe électrique? car il est certain que dès qu'un organe est en fonction, s'il éprouve quelque mal, tous les camarades apportent leurs secours, leurs remèdes. Toutes les sonnettes sont en branle.

A présent, et avant de dire adieu à notre pauvre *chyme,* retournons un peu dans le laboratoire de ce duodenum et de l'intestin grêle. C'est là que nous allons assister à l'accomplissement d'un des plus grands mystères de la vie, un des plus incompréhensibles.

C'est là que les aliments que nous avons pris, absorbés et digérés, vont s'arrêter pour subir un dernier examen, absolument comme l'écolier sur les bancs du collége.

C'est là que la matière va, comme une assemblée délibérante, se consulter; mais avant elle appelle à son aide le foie et le pancréas, et les prie de leur envoyer, l'un sa bile amère, qui dissout un peu à la manière du savon, l'autre sa liqueur salée, pour imbiber la pâte.

Le chyme est formé.

Vous dire ce qui se passe ensuite est hors de ma portée. Ce qu'on sait, c'est que, immédiatement après cette cérémonie, la partie pure du chyme se sépare de la partie impure; ce qu'on sait encore, c'est que, presque dans le même moment, une foule de bouches infiniment petites appartenant à de petits vaisseaux se glissent dans toutes les tapisseries de l'appartement, fouillent partout, s'approchent, et font si bien qu'elles parviennent à sucer tout ce qui leur semble bon, laissant parfaitement de côté ce qui leur déplaît, ce qui ne vaut rien, ce qui enfin est destiné à descendre dans les royaumes ténébreux du ventre ou de l'abdomen, comme on dit. Et ce qu'elles ont sucé se nomme *chyle*.

Le miracle est opéré !

Ce que ces milliers de bouches, qu'on appelle les vaisseaux chylifères, ont sucé ressemble à du lait. C'est un liquide blanc, un peu salé, un peu gras, dans lequel vont bientôt nager, comme des poissons infiniment petits, une immense quantité de petites boules qu'on nomme *globules*.

Ce nouveau liquide, choisi, épuré, c'est donc le *chyle*.

Et le *chyle*, c'est tout simplement du sang nouvellement né.

Ne confondez pas *chyme* et *chyle*, deux mots qui se ressemblent trop, mais qui ont une signification bien différente.

Le premier est l'ensemble des matières alimentaires.

Le second est l'or que la nature en extrait, qu'elle transporte dans un canal, le canal thoracique, et de là dans une veine, où il se confond avec un sang déjà vieux.

Mais voici venir un grand et nouveau personnage : le *diaphragme*. Je dis nouveau, quoique vous le connaissiez déjà. N'est-ce pas lui, en effet, lorsque vous toussez, qui, de concert avec ses voisins, jette si résolûment de l'air dans les *poumons* et dans les *bronches ?*

N'est-ce pas lui, quand nous éternuons, quand nous avons le hoquet, quand il nous arrive d'avaler de travers, qui nous prête au besoin son secours?

Dans ce dernier cas, par exemple, ne nous fait-il pas lancer par la fenêtre tout ce qui était destiné à l'estomac ?

Sommes-nous gais? il l'est aussi ; sommes-nous tristes? il le devient également.

N'est-ce pas cet excellent diaphragme qui nous pousse, il est vrai, les soupirs et les sanglots, mais qui provoque plus souvent le franc rire et les éclats de joie ?

Aimez-le donc, ce brave diaphragme ; car, parmi vos organes, c'est celui qui s'intéresse le plus affectueusement à vos affaires.

N'oublions pas de parler du *foie;* c'est encore un très-habile ouvrier habitant aux environs de l'estomac.

Suspendu comme une lanterne au plafond de notre *diaphragme,* le *foie* est une matière glanduleuse, brune, formant comme les poumons de petites chambrettes, mais plus fines et plus serrées.

Sa principale fonction est de séparer du sang, comme au travers d'un filtre, la bile qui y est contenue, et de l'introduire dans une poche attachée à ses côtés.

Cette poche, c'est la *vessie du fiel.*

16

Ne la méprisez pas, cette poche, toute verte qu'elle est; sachez que le liquide jaune et amer qu'elle contient est la bile, que cette bile sert à la combustion de nos aliments et de plus vient assaisonner le *chyme*, comme je vous l'ai expliqué.

Oh! cette bile! Prenez-y garde!

Ne l'excitez jamais en vous mettant en colère; trop aisément elle s'échauffe et s'amasse sournoisement en nous. Il ne reste plus alors qu'à la mettre dehors au moyen de quelque purgation, et souvent d'une longue diète, toutes choses assez désagréables. Encore persiste-t-elle très-souvent jusqu'à nous donner la jaunisse.

On a dit aussi que le *foie* a la propriété de fabriquer du sucre par lui-même.

Non loin de lui est une éponge grise : le *pancréas*. Le *pancréas* a, comme je vous l'ai déjà dit, la complaisance d'apporter au chyme sa petite goutte d'eau salée, qui est très-active. Et cependant on pense communément que c'est tout ce qu'il sait faire.

Mais savoir donner à propos ce qu'on possède, n'est-ce pas déjà très-joli ?

Au-dessous du *pancréas* est situé le domaine des *hypocondres*.

L'un d'eux sécrète encore un peu de bile.

L'autre donne l'hospitalité à la *rate,* qui, à son tour, sert de réservoir au sang de la *veine porte,* dont nous parlerons bientôt.

Personne n'ignore que la *rate* se gonfle aisément, et qu'elle nous fait sentir au côté un *point* douloureux quand nous courons trop fort.

Quant aux hypocondres, il est à peu près prouvé que, quand ils sont malades, nous devenons tristes et désagréables au possible.

Dieu conserve les vôtres en bon état.

Maintenant, mes chers petits, veuillez songer à toute la besogne qu'ont faite vos organes depuis que vous êtes au monde.

Songez à cette quantité de soupe, de pain et de tant d'autres choses que vous avez absorbés, et que votre chambre, toute grande qu'elle est, ne pourrait pas contenir.

Qu'est devenu tout cela ?

Du sang, des muscles, des ongles, de jolis yeux qui se sont agrandis, de beaux cheveux qui se sont allongés, une taille qui s'est élancée, etc.

Oui, tout cela a formé un grand garçon et une grande jeune fille.

C'est donc par la nourriture que nous nous développons jusqu'à l'âge de vingt-cinq ans.

Puis, nous restons stationnaires jusqu'à cinquante, moment où notre embonpoint est parvenu, en général, à sa dernière limite.

Il va sans dire que je ne parle pas des personnes qui n'engraissent dans aucun temps de leur vie.

Enfin, passé cet âge, nous avons beau manger et boire, nous avons beau nous sustenter de mille manières, la nature nous indique que, malgré nos efforts, les éléments dont nous sommes composés doivent insensiblement se détruire.

C'est à nous de le savoir, à nous de nous y préparer.

Émerveillez-vous donc, mes chers enfants, faites comme moi.

Réfléchissez souvent que, tandis que nous nous promenons tranquillement, tandis que nous causons sérieusement, ou que nous pensons à mille balivernes, il y a dans notre corps toute une armée d'organes obscurs qui travaillent avec intelligence.

La preuve, c'est que quand une déchirure se fait à la peau ou ailleurs, aucun chirurgien ne pourra la recoudre aussi adroitement que la nature elle-même; aucun ne saura comme elle souder nos os quand nous les cassons!

C'est la nature seule qui a ce pouvoir-là.

C'est elle qui est adorable.

[illegible]

[illegible]

[illegible]

[illegible]

[illegible]

[illegible]

CIRCULATION

LE COEUR. — LE SANG. — LES ARTÈRES. — LES VEINES

LE CŒUR

Aujourd'hui, mes chers enfants, nous allons parler de cette superbe machine que vous sentez battre à gauche de votre poitrine.

Cette machine, qui est d'une si grande importance, c'est le cœur.

Figurez-vous un petit sac tout charnu gros comme le poing et un peu pointu vers le bas.

Sa disposition est fort bizarre.

A droite et à gauche de ce sac se trouvent deux chambres qui n'ont pas le droit de communiquer entre elles.

Ce sont les *ventricules*.

Mais ces chambres ont chacune un couloir qui donne entrée à deux cabinets placés un peu au-dessus.

Ces cabinets sont ce qu'on appelle les *oreillettes*.

Dans ces *ventricules* et ces *oreillettes*, existent des portes élastiques qu'on nomme *valvules*.

Ces portes permettent au sang de passer quand il se présente, à la condition de ne pas revenir sur ses pas, et, pour qu'il obéisse forcément, les portes se ferment derrière lui.

Il faut aller en avant, toujours en avant. Il n'y a pas d'observation à faire.

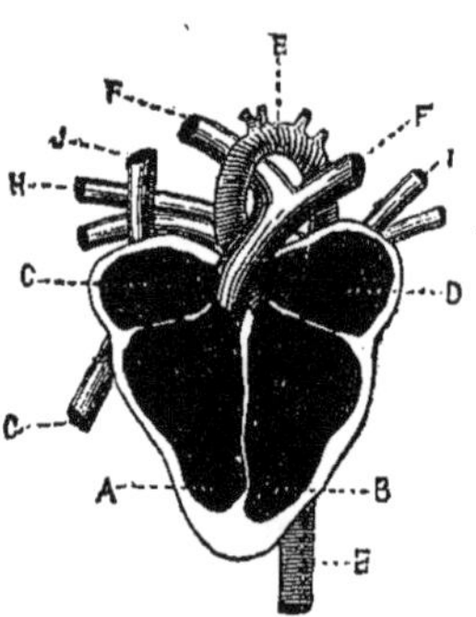

LE COEUR.

A, ventricule droit; B, ventricule gauche; C, oreillette droite; D, oreillette gauche; E, aorte; F, artères pulmonaires; G, veine cave inférieure; H, veine pulmonaire; J, veine cave supérieure.

C'est un peu comme la demeure de l'ogre. Celui qui y était entré une fois n'en sortait plus.

Au sommet du cœur s'ouvrent des canaux chargés de recevoir le sang qui s'en échappe et de le lancer dans d'autres canaux plus petits.

Ces canaux resssemblent passablement à des troncs d'arbres plus ou moins recourbés d'où partiraient des branches qui iraient à l'infini. Mais ce qu'il y a de vraiment merveilleux, c'est le fonctionnement de ce cœur.

Imaginez le *ventricule droit* et son *oreillette* aspirant le sang nouvellement né mêlé à celui de quelques camarades et le lançant aussitôt dans un canal. Ce canal, c'est l'*artère pulmonaire* qui le conduit dans les poumons.

Regardez maintenant le *ventricule gauche,* toujours avec son *oreillette.* Les voilà qui vont recevoir le sang au retour de son voyage dans les poumons, et il prendra pour y arriver un nouveau canal, la *veine pulmonaire.*

Il y sera donc aspiré une seconde fois ; et ce jeu continuel d'aspiration et de refoulement vous donnera tout à fait l'image d'une pompe.

Ce voyage du sang, je vous le raconterai tout à l'heure dans l'histoire des *veines* et de la *petite circulation.* Aujourd'hui, je ne dois vous parler que du cœur. Convenez qu'il serait bien dommage d'en avoir un sans savoir comment il est conformé, comment il se comporte dans notre poitrine, et de vivre avec lui sans le connaître, sans le remercier de ce qu'il fait pour nous ; car, n'en doutez pas, il doit vivre et souffrir à sa manière.

N'est-ce pas lui qui se gonfle à en mourir lorsqu'une peine morale vient nous assaillir?

N'est-ce pas lui qui se plaint quand nous portons un fardeau trop lourd, quand nous courons
trop longtemps, quand nous tombons par terre?

Ne lui faisons-nous pas, à ce moment-là, dépenser
toute son énergie, soit en lançant nos muscles, soit
en les contractant?

Ce pauvre cœur, surmené ainsi, est alors obligé
de mettre le feu sous le ventre à tous ses ouvriers, au
sang premièrement, qui va, vient, court, se presse
comme un éperdu pour revenir au cœur d'un pas
saccadé.

Mais le cœur est vaillant, il se résigne tant qu'il
peut; il sait, d'ailleurs, que lorsque nous marchons,
nos poumons s'emplissent de plus d'air, puisque le
diaphragme sur lequel ils reposent s'abaisse pendant la marche, et laisse par conséquent entrer plus
d'*oxygène* chez eux.

Cette nouvelle provision en gratifiera les
muscles; ils en seront plus forts et mieux portants.

Il est donc nécessaire de marcher, de humer
l'air extérieur, mais il ne faut pas se fatiguer outre
mesure; il convient au cœur d'être mené sans secousse. Il veut vivre à sa guise.

Quand par malheur il cesse de battre, on peut encore, il est vrai, avec des frictions, de l'air, de l'eau de mélisse, etc.; le rappeler à la vie.

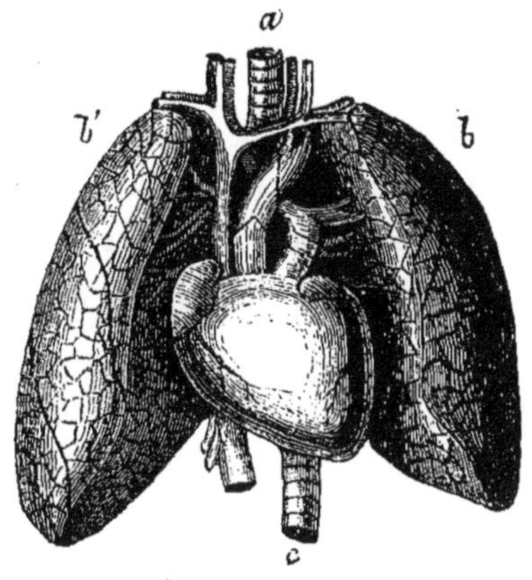

LES POUMONS ET LE COEUR.
a, la trachée artère; *b*, poumon gauche;
b', poumon droit.

Mais quand, vaincu par la lassitude, la maladie ou le temps, il est à bout de forces, c'est alors, mes enfants, qu'il s'arrête pour ne plus reprendre sa marche.

C'est alors que dans un dernier et suprême soupir nous laissons à la terre cette dépouille mortelle que nous avons reçue de Dieu.

C'est alors que notre âme s'envole au ciel.

LE SANG

Oh! mes bons amis, si nous marchions comme le sang, je vous affirme que nous serions de fameux coureurs, car je n'en connais pas de plus infatigable.

Mais avant de courir avec lui, rappelez-vous ces milliers de petites bouches, ces innombrables vaisseaux dont je vous ai parlé, qui s'en vont sucer le *chyme,* lequel suinte au travers et tout le long des tapisseries du *duodenum* et de l'*intestin grêle*.

Rappelez-vous bien ces petites gouttelettes qui à mesure qu'elles se formeront, deviendront roses, rouges, puis enfin du sang bel et bon, et du plus pur encore, puisqu'il a été puisé à la véritable source.

Ensuite, ces gouttelettes enfileront de petits canaux qui s'appellent *canaux chylifères*.

Eh bien, ce nouveau sang prend à ce moment-là le nom de *chyle,* et il porte déjà dans son sein tout ce qui est nécessaire à la vie organique, comme on dit. Il y entrera du sel, du fer, des matières riches, grasses, des substances qui ressemblent à du blanc d'œuf, à du jus de navet. Que sais-je? il y entrera aussi de l'eau en grande quantité et bien d'autres choses encore.

Il ne lui manquera plus que du temps pour répandre ses bienfaits et accomplir ses voyages; ses éléments vont se mettre en ordre, et lui-même va travailler, comme tout ce qui a été créé travaille en ce monde.

L'éducation du sang se fera donc, pour ainsi dire, toute seule, car seule la nature s'en chargera. Hélas! que ne peut-on faire aussi simplement celle des enfants?

Cette éducation se fera dans les canaux qui font suite aux petits canaux *chylifères*.

Pauvre sang! le voilà parti. Que va-t-il devenir ? Chez quels maîtres va-t-il commencer son apprentissage?

Bientôt il se trouvera mêlé à de misérables compagnons avec lesquels il sera bien forcé de continuer sa route, puis quelques pas plus loin il ira tomber dans un assez grand canal, le *canal thoracique,* qui le transportera dans une grosse veine située près du cœur. Cette veine est la *veine cave supérieure;*

elle aussi le conduira jusque dans le ventricule droit; de là à son oreillette, d'où il ne tardera pas à sortir par d'autres veines et se rendra aux poumons. C'est là qu'il ira prendre ses titres de noblesse.

La science a démontré par l'analyse que le sang qui tout d'abord semble rouge ne l'est pas dutout.

C'est un liquide jaunâtre, transparent, aqueux, appelé *sérum*, au milieu duquel circule une quantité innombrable de petits globules rouges ayant la forme aplatie d'une lentille; vers le centre du globule, un peu renflé, se trouve un petit cercle élastique et mou qui lui permet de se plier lorsqu'il arrive aux bords des fins *vaisseaux capillaires* ou de ceux des *veines*, dont je vais vous entretenir tout à l'heure. Ces globules font alors ce que ferait une foule compacte au moment de franchir un passage très-étroit. Il y a bousculade. Dieu! savez-vous qu'il y aurait danger de mort si cette foule s'arrêtait?

Le sang est donc composé de globules qui doivent leur couleur rouge à la présence du fer qui domine chez eux; et c'est grâce à de bons microscopes et à de pauvres grenouilles sur lesquelles on a expé-

rimenté qu'on sait à quoi s'en tenir là-dessus.
Croiriez-vous aussi que dans une gouttelette de
sang presque imperceptible, il entre plus d'un
million de ces globules si indispensables à la vie?
Quand je vous dis que les chiffres et les infinis ne
finissent pas!

Le sang s'échauffe par le travail qu'il fait en
marchant et par celui que nous lui donnons quand
nous le fatiguons outre mesure. Pensez donc à la besogne dont il est chargé, puisqu'il n'y a pas un seul
atome dans tout notre corps où le sang ne pénètre,
et où il ne doive pénétrer, car sans lui cet atome
cesserait d'exister. Mais le sang est déjà si chaud
par lui-même, que sa chaleur suffit à faire cuire les
aliments que nous absorbons; rappelez-vous que le
sang a 37 degrés de chaleur; il est vrai que dans
ces aliments, il en est qui sont irrévocablement
destinés à devenir du charbon.

De plus, il faut, pour que le sang conserve sa
vigueur, qu'il rencontre sur son passage du gaz
hydrogène et du carbone en disponibilité, c'est-à-
dire tout prêts à se marier avec l'oxygène qu'il
porte toujours avec lui; car l'oxygène est son ta-
lisman; les organes ne connaisent que lui, c'est
celui-là seul qu'ils respectent.

Quand un organe est en péril ; quand, par une cause ou par une autre, l'estomac tombe en faiblesse et ne lui envoie plus d'aliments, que voulez-vous que fasse le sang ? Il épuise pour vous sauver toutes ses économies, et, s'il est riche en globules, il viendra plus puissamment à votre secours. Il vous donnera tout ce qu'il a. Mais si vous ne le soignez pas, si vous lui donnez trop souvent la fièvre, d'un bon médecin qu'il est, il ne deviendra plus qu'un faible serviteur. Comment pourrait-il alors, quand les muscles sont excités par une course ou par un gros labeur manuel, venir les inonder suffisamment ? Oui, mes enfants, le sang est même plus que médecin, il est chirurgien. Qu'il est beau à voir travailler dans les déchirures des chairs ! Observez les parties blessées, vous verrez au bout de quelque temps de petits bourgeons charnus autour d'elles. Peu de temps encore, et la plaie sera cicatrisée.

C'est donc bien le sang, cet habile chirurgien, qui a fait l'opération. Soignez-le bien. Au moment où il fait vos affaires en compagnie de l'estomac, laissez-le tranquille. Si vous le secouez trop fort, si vous prenez un bain trop tôt après le repas, gare à vous ! La cuisine et le cuisinier seront en pleine révolution, parce que l'estomac, furieux d'avoir été dérangé, appellera de toutes les parties du corps le sang qui, dans le mécontentement que lui donnera votre imprudence, mettra le feu partout.

Quand vous avez bien chaud surtout, ne vous refroidissez pas. Le sang ne tardera pas à vous faire la grimace sous la figure d'un bon rhumatisme ou d'une pleurésie.

Soyez donc toujours en bon commerce avec lui, et pour cela ne vous mettez jamais en colère, car le sang n'aime pas le désordre. Vos passions le rendent de très-méchante humeur.

Et comment pourriez-vous le fâcher, lui si bon, si laborieux! lui qui, tandis que vous dormez paisiblement, fait dans votre corps des courses si nombreuses, et, comme un général en chef, commande à tant de soldats! lui enfin qui, chaque fois que vous respirez, emplit ses poches du bienfaisant *oxygène*, afin de le répandre dans tous vos organes comme un feu sacré?

La disette survient-elle? manquez-vous de pain? le sang y a pourvu en laissant à votre disposition la graisse qui s'est amassée dans vos tissus et qu'il a mise en réserve, absolument comme on place ses économies à la caisse d'épargne.

Combien d'animaux, ne trouvant plus de subsistance pendant les longs mois de l'hiver, vivent-ils sur leur graisse ! vous le savez.

Quant à nous, qui ne sommes pas constitués pour vivre si longtemps de cette nourriture-là, tâchons au moins de nous donner un sang riche et généreux par des aliments sains, par une conduite sage, et quand nous aurons pris pour devise : travail et sobriété, nous ne craindrons point tant la disette et nous n'aurons pas si souvent besoin de médecin.

Chers enfants, ne resterez-vous pas aujourd'hui émerveillés de ce miracle perpétuel qui s'accomplit dans notre existence; de cette vie active qui s'agite en nous; de ces milliers d'esprits obéissant à une suprême intelligence; de cette sensibilité exquise des nerfs, de cette puissance du cœur, de cette douce sympathie du sang; enfin de cette belle ordonnance répandue dans nos organes?

Et quand bien même quelques-uns d'eux se tromperaient, cela ne donnerait-il pas encore la preuve qu'ils n'agissent pas fatalement, qu'ils sont gouvernés par un maître, par le bon Dieu?

Oui, mes amis, toute vague et indéterminée que soit sa substance, en quelque lieu qu'il réside, il n'est pas relégué seulement au fond de cet espace sans bornes que les hommes ont appelé le ciel, pour lui donner un nom.

Son intelligence préside de trop près à la création ; sa voix parle de trop près à notre cœur ; et ce qu'elle dit, il faut l'écouter.

17.

ARTÈRES

Mes chers enfants,

Si l'estomac a le devoir de préparer les aliments, de les cuire et de contribuer ainsi à la digestion ;

Si une boulette de pain n'a qu'à se laisser faire pour voyager du haut en bas de notre machine, le sang a le souci de porter dans notre corps la substance de ces mêmes aliments.

Cette distribution s'appelle la *nutrition*, c'est-à-dire nourriture des organes.

La première fonction du sang est de commander à des canaux sans nombre dont le plus grand, le plus vénérable est l'*artère aorte*.

L'artère aorte sort au-dessus et à la droite du cœur, monte, se recourbe, se cache près de la colonne vertébrale qui le protége, se recourbe de nouveau et traverse le *diaphragme*, ce plancher mobile dont je vous ai déjà parlé.

Vous ai-je dit que le long de la colonne vertébrale,

cette robuste et flexible colonne sur laquelle la tête repose en équilibre et en sûreté, il se trouvait un petit canal où, comme de tant d'autres, sort un liquide qui sert à entretenir cette artère en bon état?

Cela est très-important, dit la nature ; il faut que l'aorte soit souple afin de bien fonctionner, parce que le sang qui coule dans cette artère est celui qui ira de goutte en goutte se répandre dans nos organes et y porter la vie.

Et d'abord qu'est-ce qu'une artère ?

Un grand canal qui fait la fourche et dont les rameaux se dirigent partout, c'est-à-dire qu'il n'y a pas dans le corps et sur le corps une place, fût-elle fine comme une pointe d'aiguille, qui n'ait son petit canal rempli de sang. Piquez-vous le doigt, vous verrez.

La tête de l'artère aorte représente une crosse d'où partent quatre branches ; deux d'entre elles iront se promener à la tête, aux bras, aux mains, à la poitrine ; puis le service du premier étage étant assuré, les deux autres circuleront dans l'intérieur du pays, se sépareront et se rendront aux cuisses, aux jambes et aux pieds. — Sachez surtout que c'est à l'extrémité de nos artères que s'accomplit

l'acte mystérieux de la nutrition des organes, **car
c'est bien là**, en effet, que les atomes les plus **im-
perceptibles** reçoivent chacun la nourriture qui lui

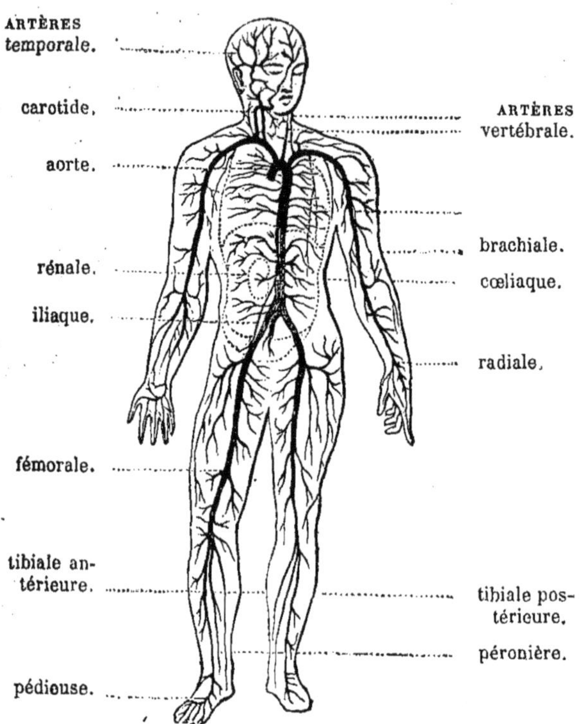

convient, et nul ne se trompe. Avez-vous jamais vu
l'œil prendre ce qui appartient aux cheveux, et le
nez accaparer ce qui revient de droit à l'oreille?

J'espère que ce canal, qu'on nomme *l'artère aorte* a de la besogne ! Aussi est-il solidement conformé. Trois tuniques emmanchées l'une dans l'autre composent son tissu. Celle du milieu est très-résistante et très-élastique ; puis à l'intérieur est un tuyau où le sang circule librement ; mais prenez garde toutefois ; ne vous déchirez point une artère, il est presque impossible de la recoudre. — Le sang s'échappe, adieu la vie.

Je vous ai dit de quelle manière le cœur lance le sang dans l'*artère aorte,* dont la bouche est toujours prête à le recevoir, et de quelle façon brusque elle le reçoit.

Vous savez ce que nous ressentons quand on nous ferme violemment la porte au nez ?

Eh bien ! voilà un peu ce que doit éprouver l'*artère aorte* quand le sang y pénètre, et cette marche saccadée du sang continue son chemin de la même manière. La preuve, c'est qu'il imprime au corps ce petit mouvement rude et régulier que vous connaissez, et qui n'existerait pas si le sang coulait d'un jet continu dans nos artères.

Pour en régler et mesurer le cours, la nature lui fait subir des temps d'arrêt au moyen de petites portes ou valvules, absolument comme elle le fait pour les aliments.

Mettez la main sur votre tempe, au dedans du poignet, vous sentirez battre cette artère; vous devinerez à son passage si le sang marche également, s'il prend le trot ou le galop; enfin vous saurez à peu près si vous avez la fièvre, si vous ne l'avez pas, ce qui est toujours bon à savoir.

Que de choses le pouls révèle à un médecin !

L'artère aorte contient donc ce beau liquide qu'on nomme le sang et le répand jusqu'aux confins du royaume. Il transporte ainsi, sans s'en douter peut-être, la chose la plus merveilleuse et la plus extraordinaire du monde.

Vue au microscope, l'artère aorte n'est pas moins merveilleuse. Il faut observer les extrémités de ses rameaux, ces milliers de branchettes, infiniment plus fines qu'un cheveu, nommées pour cette raison *vaisseaux capillaires*.

Oui, il faut voir dans l'intérieur de ces petits vaisseaux ces jolis globules du sang se pressant, se bousculant à qui mieux mieux.

Mais ce qu'il faut le plus admirer, ce sont ces menues branchettes trouvant immédiatement et précisément devant elles d'autres menues branchettes, d'autres petits *vaisseaux capillaires,* aussi déliés, aussi souples, dans lesquels ces globules entrent comme dans un pays inconnu, et qu'ils enfilent pourtant avec une prestesse que vous n'imaginez pas.

Ces nouvelles branchettes, ces nouveaux *vaisseaux capillaires* vont prendre bientôt en grossissant le nom de *veines.*

Mais les veines ont un gouvernement tout différent des artères.

Celles-ci portent le sang par tout le corps.

Tandis que les veines le ramènent de partout.

Mais n'anticipons pas.

LES VEINES

Il faut reconnaître, mes chers enfants, que les *veines* sont bien plus faciles à aborder que les *artères*.

Disons même qu'elles en sont à peu près les servantes.

Avec les veines on peut plaisanter, avec les artères on ne le doit pas.

Quand on a déchiré une veine, il est possible de la recoudre par la raison qu'elle ne possède pas comme les artères trois tuniques solides. Les veines, quand elles sont coupées, s'affaissent sur elles-mêmes, et le sang peut s'étancher à volonté.

Elles possèdent de petites soupapes qui s'ouvrent dans la direction du cœur pour laisser passer le sang. Mais comme cela se pratique dans le cœur, il lui est défendu de retourner en arrière. La porte est fermée. Il faut, de bonne ou mauvaise humeur, qu'il arrive jusqu'au cœur où il ira chercher une impulsion nouvelle qui le lancera dans le chemin de la petite circulation dont je vais vous parler.

Les veines principales sont :

La veine cave supérieure,

La veine cave inférieure.

Elles sont situées au-dessous de l'aorte et reçoivent très-humblement par leurs différents vaisseaux le sang artériel quand il fait sa ronde.

Le rôle principal des veines, à mesure qu'elles prennent ce sang, est de le répartir dans presque tous les organes et finalement de le porter au cœur.

Mais pendant tout ce trajet, elles ont surtout la mission de chercher et d'emporter toutes les impuretés que le sang a semées sur sa route.

Dame! tous les emplois ne sont pas nobles!

Tous ne peuvent pas l'être.

Mais tous peuvent concourir à la perfection de l'œuvre.

Quel est le brave soldat qui ne prend part à l'honneur d'une victoire gagnée par le général en chef?

Quel est le cureur de puits qui ne soit utile à la société en déchargeant nos égouts de leurs immondices?

Ces tristes veines, après des détours **sans** nombre, portent donc le sang à leur seigneur; puis, comme de dociles commissionnaires, elles le rapportent aux poumons.

Des poumons, où elles le laissent séjourner un moment, elles le ramènent encore au cœur, où il entre peu à peu au moyen de ces petites portes ou *valvules* que vous connaissez déjà.

Cette singulière promenade du *sang dans les veines, des veines au cœur, du cœur aux poumons, et des poumons au cœur,* s'appelle la *petite circulation.*

Mais pourquoi cette promenade? direz-vous.

Attendez! voilà une belle histoire qui commence.

La *veine cave inférieure,* aussitôt qu'elle a recueilli le sang assez mauvais des régions du rez-de-chaussée, se dirige vers le cœur qui l'appelle.

En chemin, elle rencontre sa sœur, la *veine cave supérieure,* toute fière de porter dans son sein le *chyle,* ce sang nouvellement né.

Vous vous rappelez la différence qu'il y a entre le *chyme* et le *chyle ?*

Je n'ai pas besoin de revenir là-dessus.

Voilà donc nos deux veines marchant de compagnie, l'une chargée du dépôt que la nature lui a confié.

Elles arrivent au *cabinet droit du cœur* (l'*oreillette*), et, de là, le sang qu'elles y jettent sera bientôt envoyé dans la *chambre au-dessous* (le *ventricule droit*).

Ainsi mêlé, ce pauvre sang entre dans un canal qu'on nomme *artère pulmonaire*, et sera par lui porté, bon gré, mal gré, dans les cellules des poumons, où, par le moyen de mille canaux très-menus qui forment ses extrémités, il se répandra en fine pluie.

C'est là, c'est dans cette espèce d'hôpital que le sang veineux, mêlé à celui qui vient de naître, va chercher un complet rétablissement.

De noir qu'il était au sortir des veines, il deviendra rosâtre, écumeux, rouge enfin, parce que l'air qu'il va rencontrer dans les poumons, s'il est très-pur, lui rendra une santé parfaite.

Tout ragaillardi, le sang reprendra vivement le chemin du cœur, et pour cela il a encore à son service de petites veines qu'il enfile :

Ce sont les *veines pulmonaires*.

Mais le chemin n'est plus le même. Cette fois le

sang se dirigera vers le cabinet gauche qui, agissant de la même façon que son voisin, l'expédiera vivement au-dessous de lui, d'où il ne pourra s'échapper que pour grimper dans l'*artère aorte,* où il ira chercher ce titre superbe de *sang artériel.*

Une fois arrivé là, il reprendra sa course, comme je vous l'ai déjà expliqué, et se répandra par tout le corps jusqu'à ce qu'il ait rencontré les veines, qui de nouveau s'en empareront et le reporteront au cœur.

Or, cet immense et continuel voyage du sang se nomme : la *grande circulation.*

Une troisième veine, la *veine porte,* se présente.

Celle-là possède un appareil un peu différent.

Toutes ses extrémités, c'est-à-dire ses infiniment petits rameaux, plongent particulièrement dans les reins, dans la rate, dans l'estomac, dans les intestins, etc.

Puis, quand elle a ramassé de partout le sang assez mauvais qui s'y trouve, elle s'en va, par ses extrémités opposées, répandre ce sang dans le *foie,* dont la principale fonction est, comme vous le savez, de se débarrasser de toute sa bile.

Le sang, en sortant du foie, se trouve donc, comme qui dirait, purgé. Il se porte déjà mieux en effet et va passer dans la *veine cave inférieure,* au moyen de laquelle il parviendra au cœur.

N'oubliez pas que c'est dans ce trajet que les deux veines principales vont se rencontrer et cheminer ensemble.

Pour terminer cette assez longue histoire, sachez qu'il est encore d'autres veines, mais moins importantes.

Ce sont les vaisseaux lymphatiques, ainsi nommés parce qu'ils transportent la *lymphe,* sorte de liquide blanchâtre qui s'ajoute au sang, mais qui est bien loin d'avoir sa vertu. Ce sont les globules seuls qui sont absolument nécessaires à la vie.

Comme le *chyle,* pourtant, la lymphe a le droit de puiser ses éléments aux mêmes sources, c'est-à-dire aux parois mêmes du *duodenum* et des *intestins,* qui suintent tous plus ou moins, comme vous le savez.

Mais ce qu'il y a de vraiment étrange, c'est que le *chyle* possède des priviléges et des prérogatives à ne plus finir.

C'est ainsi que dans le suc des aliments, le *chyle* choisit le premier tout ce qui est à sa convenance.

Ce sont les matières grasses, nourrissantes, les matières utiles et qui lui plaisent.

Tandis que cette malencontreuse lymphe n'a que les restes du repas, et ne peut s'emparer que du sel, du sucre, des liquides, en un mot de tout ce qui est maigre.

Vous pensez peut-être que ces restes ne sont déjà pas si mauvais?

Soit! mais vous voyez bien qu'ils ne valent pas grand'chose, puisque le tempérament que la lymphe donne au pauvre monde n'est pas fameux. Car vous n'avez pas été sans entendre dire d'une personne faible, pâle, languissante : elle est *lymphatique*.

Cela veut dire que dans le sang qu'elle porte dans ses veines, et qui devrait être rempli de ces globules rouges si précieux pour la santé, il se trouve trop de lymphe, et que cette lymphe mêlée au sang l'appauvrit, surtout quand elle est trop abondante.

Vous savez que les globules du sang sont rouges parce que la nature y a mis beaucoup de fer?

C'est donc par des aliments choisis et fortifiants dans lesquels il entre du fer qu'on cherche à suppléer à celui qui manque.

Gravez-vous donc bien dans la mémoire, mes

chers enfants, cette merveilleuse histoire de la petite et de la grande circulation :

1° La naissance du sang, son éducation, ses voyages ;

2° Le fonctionnement du cœur et la manière dont il chasse le sang dans l'artère aorte après l'avoir reçu des veines ;

3° La course du sang au moyen des artères qui le répandent en bon état ;

4° Les veines qui le ramènent assez malade au cœur et aux poumons ;

5° Le changement du sang artériel en sang veineux ;

6° La rencontre miraculeuse de l'air et du sang dans les cellules des poumons.

Et devant le spectacle de tant d'intelligence et d'amour, si votre esprit ne se réveille pas, si votre cœur n'est pas ému, c'est que vous n'êtes pas dignes de votre Créateur.

LES CINQ SENS

LE TOUCHER, LA VUE, L'OUIE, LE GOUT,
L'ODORAT.

LES CINQ SENS

Mes enfants, aujourd'hui que vous êtes un peu au courant de cette superbe mécanique vivante qu'on nomme le corps, j'espère que vous ne la dérangerez pas comme ces apprentis maladroits qui, jouant avec les ressorts d'une pendule, la disloquent ou la brisent. J'espère que vous aurez soin de vos organes, qui sont vos ressorts. Vous tâcherez de ne pas vous rompre les os, toujours longs à raccommoder, ni de vous attirer des rhumatismes, toujours difficiles à guérir.

Les *sens* sont comme autant d'instruments prêts à agir, ou de portes prêtes à fonctionner au besoin.

Dieu nous en a donné *cinq,* autant qu'aux quadrupèdes, quoique, à vrai dire, la patte d'un chat, toute souple qu'elle est, soit peu de chose en regard de la main. Le goût chez eux n'est pas non plus très-développé, très-perfectionné ; cependant les animaux se trompent moins que nous sur la nature des

aliments qui leur conviennent. Leur vue est généralement moins étendue, mais l'ouïe! mais l'odorat!
En cela nous savons qu'ils sont nos maîtres; car,
avec tous les nez du monde, je ne pourrais pas,
dans l'ombre, distinguer mon ami de mon ennemi,
et mon oreille n'irait guère plus loin que mon nez.

Ces deux sens n'approchent donc pas de ceux de
l'animal. Mais si j'en éprouve parfois de la honte,
je me réconforte un peu par la gloire d'être classée
parmi les *bipèdes*. J'ai au moins la facilité, marchant sur deux pattes, de regarder le ciel quand il
me plaît, ce qui n'est pas à dédaigner, et de savoir
que j'y pense, ce qui est encore meilleur.

Il faut convenir pourtant qu'un des grands avantages des animaux est de ne jamais abuser de leurs
facultés. Ils en usent absolument comme le feraient
des personnes raisonnables, tandis que nous abu-
sons des nôtres comme le feraient des animaux
dénués de toute raison. Il est certain que nous en
faisons aussi un plus grand usage, et, puisque nous
sommes libres, il paraît que nous avons le droit de
faire plus de sottises.

Mais la conscience! cette bonne petite lanterne
que nous portons tous en nous, ou, comme le dit
Lamartine, cet écho divin de la justice divine, à

quoi donc sert-elle? Et l'expérience d'autrui qui
nous serait si utile! Pourquoi ne vouloir nous en
servir qu'à nos dépens? Et la volonté! cette force
superbe, qui, mieux employée qu'à dompter les
animaux féroces, pourrait servir glorieusement à
dompter et à gouverner toutes ces méchantes bêtes
qui, sous le nom de passions, s'attaquent au corps,
à l'âme, à tout : que faisons-nous, mon Dieu! de
toutes ces merveilles? Rien ou presque rien.

LE TOUCHER

LA MAIN, LE PIED.

LA MAIN.

Venez près de moi, mes bons enfants, l'hiver se prolonge. Assis ensemble au coin du feu, voyageons encore autour de nous-mêmes. Assurément, nous assisterons à de nouvelles merveilles, dont vous ne vous doutez pas.

Commençons par la main, l'outil le plus parfait que Dieu ait créé; la main qui possède une quantité de gonds, de charnières, de petites cordes qui font tourner les os en tous sens.

Depuis le laboureur jusqu'au boulanger, depuis le maçon jusqu'au statuaire, la main s'emploie à tout.

Conduite par une intelligence supérieure, elle sert à diriger un pinceau habile, un archet divin;

et nous possédons, grâce à elle, l'idéal de la beauté et de l'harmonie.

Avez-vous observé le jeu rapide et mobile d'un violoniste? Quelle sûreté! quelle dextérité! Qu'il est admirable de voir courir ses doigts et d'entendre de ravissantes mélodies sortir de ces cordes qui chantent comme l'oiseau, murmurent comme le ruisseau, et peignent tour à tour le fracas de la tempête, les tristesses de l'âme, les extases du ciel!

Savez-vous ce qui constitue physiquement le sens du toucher?

C'est une quantité de papilles ou petites éminences nerveuses qui sont au bord de nos tissus, à la surface de la peau.

Elles ont l'avantage de nous avertir du contact d'un corps, de sa pression, de sa qualité, de sa température, etc.

Vous connaissez le sens du toucher par la rude tape que vous donne parfois un camarade, ou la sensation que vous éprouvez quand votre mère vous embrasse; mais avez-vous songé à cette faculté qui vous fait comprendre si ce que vous touchez est lisse, raboteux, chaud ou froid?

Qui vous invite à caresser un joli chien?

Qui vous donne de la répulsion à poser le doigt sur un reptile?

Le toucher.

Qui donne à votre main cette habileté à panser une plaie, à extraire une écharde?

Le toucher.

Le tact physique peut quelquefois être involontaire.

Le toucher est un acte réfléchi.

Combien est-il développé chez les aveugles ! qu'il est utile, lorsque, parcourant du doigt des caractères d'écriture en relief, ils peuvent lire presque aussi couramment que nous! Un peu dédommagés de la perte de la vue, le toucher prend chez eux une perfection incroyable. Outre qu'ils sont souvent d'excellents musiciens, ils trouvent dans la fabrication de certains instruments de quoi se créer une existence honorable : témoin ce facteur de pianos qui, selon l'expression de ses amis, semblait avoir des yeux au bout des doigts.

Vous parlerai-je des sourds-muets? seraient-ils malheureux sans les signes! sans ces doigts agiles qui, selon qu'ils sont diversement disposés, forment toutes les lettres de l'alphabet, toutes les phrases même!

Par le langage mimique ils peuvent au moins se communiquer leurs pensées !

Mais, dans la main, le doigt devant lequel vous devez le plus particulièrement vous incliner, c'est le *pouce*. Le pouce est le meilleur de nos serviteurs. On peut à la rigueur se passer d'un des doigts de la main, on ne saurait que très-difficilement se passer du pouce. Ne voyez-vous pas qu'il est toujours le premier à l'ouvrage, soit séparément, soit quand il est réuni aux extrémités des autres doigts et qu'il offre en toute action un support nécessaire ?

Pourrais-tu, sans lui, ma chère Jeanne, broder avec tant d'adresse ce joli manteau que tu portais cet été ?

Et toi, Pierre, comment t'y prendrais-tu pour me dessiner sur mon album ces gentils croquis qui me ravissent ?

Maintenant, donne-moi ta main; tu presses la mienne, bien. Voilà ce que mon petit chien ne fera jamais. Jamais il ne serrera ma main dans sa patte ; il ne le peut pas.

Le singe aussi remue les doigts avec dextérité, mais demandez-lui de faire autre chose que d'éplucher des noix ou de se gratter l'oreille !

Non, l'homme seul a une main, et avec cette

main il fabrique encore des outils, ce que nul animal n'a su faire.

Et voyez à combien d'usages elle peut être employée !

Non-seulement elle soulève les corps, mais elle en apprécie le poids, la matière, la qualité, etc.

Ouverte et plate, elle sert à unir, à aplanir un objet.

Soulevée et posée sur une table, elle forme un pont.

Bien fermée, elle peut servir d'enclume ou de marteau. A peine fermée, elle offre un entonnoir.

Placez-la de façon à offrir une gouttière, un tube, rien n'est plus facile.

Serrez les doigts en laissant le pouce libre, un compas viendra se présenter.

Écartez-les à votre guise, vous trouverez sans peine une fourche, un râteau, un trident, etc.

Vous plaît-il de posséder une pelle, étendez-la.

Vous convient-il de mettre du feu dessus, répandez sur votre main un peu de cendre froide.

Les pinces, les pincettes même ne vous manqueront pas.

N'est-ce pas en tâtant le pouls d'un malade qu'un médecin connaît son état?

Je vous dis, mes enfants, que s'il fallait énumérer tous les services que nous rend cette main, nous ne l'admirerions jamais assez.

Quant à sa construction, à son articulation, vous trouverez bon que je n'en dise rien. D'autres livres plus savants vous instruiront, lorsqu'il vous conviendra de faire des études spéciales anatomiques. Je n'ai entrepris que de raconter quelques merveilles. Je ne veux vous entretenir que de ce qu'il me semble indispensable de savoir. Encore ai-je parfois dépassé le but que je m'étais tracé, tant les œuvres de Dieu vous invitent à en parler!

LE PIED.

Mes bons enfants, après vous avoir fait admirer la main, dédaignerai-je ce pauvre pied qui se tient toujours caché humblement au bas de notre personne? N'a-t-il pas aussi son mérite? N'est-il pas superbement construit pour nous soutenir, marcher, courir, cabrioler? Avec quelle vivacité il attrape un méchant gamin! avec quelle justesse il atteint le but! Or, ce but, vous le connaissez tous. Le gamin y porte les mains en signe de douleur, et la correction est donnée. Trouvez donc un bâton qui aille si vite !

Et quelle solidité ! Il offre, pour nous supporter, une voûte et un ressort tout à la fois, et, si l'on saute, il touche le sol par sa pointe afin de rompre le choc et de nous laisser garder l'équilibre.

Mais c'est chez les danseuses surtout qu'il faut admirer son agilité, sa force, sa souplesse extraordinaire.

Le pied me remet en mémoire l'histoire d'un monsieur que j'ai connu. Né sans bras, il eût été bien embarrassé de se servir de ses mains. Pourtant, il mourait d'envie de s'occuper. Comment faire ? Des bras sans mains, cela s'est vu, mais des mains sans bras, j'en doute fort. Vous riez, et vous avez raison ; mais ce que je vais vous dire est une histoire véritable.

Ce monsieur sans bras, et par conséquent sans mains, était donc le plus malheureux du monde. L'enfant même le plus paresseux serait bien fâché de n'en pas avoir, ne serait-ce que pour les garder au fond de ses poches. Mais ce monsieur-là n'était pas un paresseux ; il avait en outre l'amour de la peinture, ne cessait d'admirer de beaux tableaux, de jolis dessins, et soupirait de n'en pouvoir faire autant. Il contemplait la nature, l'étudiait, mais un sentiment de regret et de chagrin l'accompagnait partout.

Un jour, enfin, poussé par son violent désir d'apprendre à dessiner, il dit à son pied : Écoute, je n'ai plus que toi pour me consoler d'être né sans bras ; prends ce crayon, cette tablette, et voyons ce que tu pourras faire. Il écarta l'orteil du second doigt, y plaça le crayon, et lui dit : Marche.

Je ne dis pas que de bonnes petites mains placées auprès de ce monsieur n'effaçaient pas un mauvais trait, ne taillaient pas les crayons, ne rangeaient pas les affaires avant et après l'étude. Mais enfin le pied dessinait, et dessinait tant et si bien, qu'après avoir pris le crayon il fut bientôt en état de prendre le pinceau.

Toujours patient, toujours docile, il en vint à produire de bons tableaux qui méritèrent à sou maître la renommée et les récompenses qui la suivent.

Ce monsieur s'appelait *Ducornet*.

Convenez que ce pauvre pied dut être bien fier du noble emploi qu'on lui confia. Mais si ce n'est pas précisément à lui que revient l'honneur des tableaux qu'il exécutait, il lui en resta une grande partie. Cependant une tristesse l'attendait. Comme il agissait en tant que main, il lui fut défendu d'agir en tant que pied. Il dût changer de fonctions. Hélas! il ne marcha plus de peur de se fatiguer. Mais, dédommagé par son maître, il fut bien autrement aimé, choyé, caressé!

N'est-ce pas là, mes enfants, le miracle d'une volonté persévérante? Combien y a-t-il de gens qui, avec les plus belles mains du monde, ne savent tailler ni une plume, ni un crayon; d'autres qui n'ont pas le courage de tenir une aiguille!

Grâces en soient rendues à Dieu et à vos bons parents, vous savez vous occuper, et j'espère que vous remplirez de vos œuvres la besace que vous donna la nature en vous donnant la vie.

LA VUE

Ah ! mes enfants, quel sens splendide que la vue dont les pauvres *aveugles-nés* ne peuvent pas même avoir la conscience ! Ils touchent des objets dont ils ne connaîtront jamais la couleur ! Ils se lèveront avec le jour sans jouir de la lumière ! Ils dresseront leur tête, sans qu'il leur soit possible de voir le ciel, sans même en avoir l'idée ! Toutes les beautés de la nature leur sont fermées ! Pauvres aveugles ! ils ne verront jamais le soleil !

Nous, nous avons des yeux, nous en jouissons de mille manières, et, la plupart du temps, nous ne voyons pas, ou plutôt nous ne regardons pas même ce qui nous entoure. Car il y a une grande différence entre ces deux choses : la vue intelligente d'où naît l'observation et d'où reste le souvenir, voilà la vue !

L'œil est certainement un des plus charmants organes que nous possédions.

En général, il est plutôt le reflet du caractère que de l'âme; que ce soit par l'habitude de mauvaises pensées, par l'expression que lui donne un esprit toujours chagrin, une humeur toujours brusque ou difficile, l'œil, avec tout ce qui l'entoure, se modifie. Chez l'homme profondément égoïste, il sera sec; chez le savant, il sera fixe et concentré; chez le poëte ou l'artiste, sa mobilité sera extrême.

Les yeux bien fendus et dont la paupière inférieure est soulevée, en formant quelques plis dans ses coins, ne m'ont jamais trompée. Ces yeux-là indiquent une bonne personne, et je ne craindrais pas de vivre dans son intimité.

Qu'est-ce que l'œil, en définitive? Au fond d'un orbite c'est un globe, une sphère creuse entourée d'une membrane blanche, dure, opaque, qu'on appelle *sclérotique* en langage savant.

Cette membrane est percée d'une ouverture ronde à laquelle est enchâssée une vitre. C'est la *cornée*.

Derrière cette vitre est une mince cloison qui, selon les individus, est bleue, grise, brune, noire, verte. C'est l'*iris*. Joli nom.

Au milieu de l'iris est un trou qui a la faculté de s'élargir à l'ombre et de se rétrécir à la lumière. C'est la *pupille*, ou, comme on dit, la *prunelle*.

Pupille fort intelligente, car, selon le besoin, elle entre-bâille sa porte ou l'ouvre tout à fait, comme il arrive aux chats et aux oiseaux de nuit qui voient dans l'ombre.

Derrière l'*iris* et la *pupille* se trouve le *cristallin,* dont le plus ou le moins d'épaisseur forme la vue myope ou presbyte.

Cet organe transparent a la forme d'une lentille

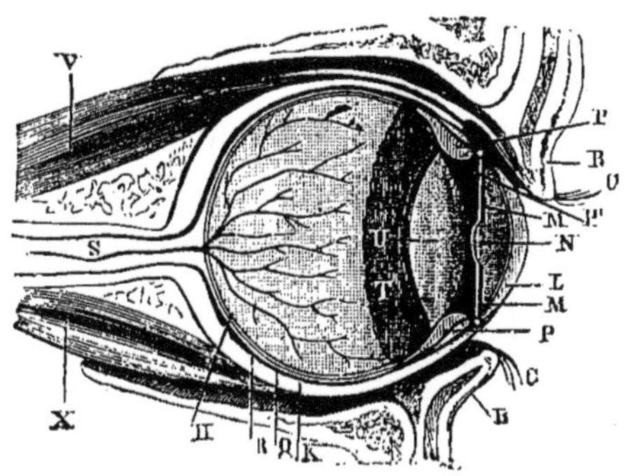

GLOBE DE L'OEIL.

B, paupière; C, cils; H, rétine; K, sclérotique; L, cornée; M, iris; N, chambre; R, antérieure de l'œil; S, nerf optique; U, pupille; T, cristallin.

placée debout; de plus, il est engagé dans un petit sac membraneux, une petite tunique qui, lorsqu'elle vient à s'épaissir, produit la *cataracte.*

Au fond de l'œil existe une tapisserie, une sorte

de voile blanchâtre et mou; là se trouve une petite
fosse où la vision se porte et où tous les objets se
réfléchissent.

Cette tapisserie, c'est la *rétine.*

Puis, entre la *rétine* et le *blanc de l'œil,* est une
autre membrane teinte en noir, qui sert à modifier
et observer les rayons lumineux.

On appelle cette membrane la *choroïde.*

Mais sur la rétine existe une quantité de fines
pointes. Ce sont les extrémités des filets nerveux
qui, dès qu'ils ont reçu une impression, la reportent
à leur chef, le *nerf optique,* dont vous connaissez
l'empressement à transmettre au cerveau la commission qu'il a reçue.

Presque tous ces organes possèdent chacun une
chambre.

Celle de l'iris est remplie d'une liqueur aqueuse
et transparente; celle du cristallin, d'une humeur
vitrée.

Celle de la rétine est toute noire.

Les rayons de lumière entrent donc d'abord dans
l'œil au travers de la cornée et de l'humeur aqueuse,
puis ils tombent sur l'iris qui en absorbe une partie;
continuant leur route, ils passent par la pupille, le

cristallin, l'humeur vitrée, et finalement vont dessiner sur la rétine l'image de l'objet perçu.

Mais cette image n'est véritablement perçue par nous que lorsqu'elle a déjà agi sur les extrémités nerveuses et que le cerveau s'en est emparé. C'est alors seulement que cette image devient sensation.

Cependant, pour mieux concentrer ces rayons, il fallait probablement qu'ils fussent brisés en route. Cela est très-singulier.

Ce brisement des rayons s'appelle *réfraction;* il est opéré par divers corps liquides ou solides qui se laissent plus ou moins traverser par la lumière.

Ce qu'il y a de certain, c'est que cette *réfraction,* sans qu'on sache encore trop comment cela se fait, commence par renverser l'image qui s'offre à la *rétine.*

Supposé que ce soit un cheval, il sera d'abord présenté la tête en bas et les pieds en l'air.

Bientôt redressée, l'image du cheval nous sera rendue telle que nous voyons l'animal.

Mais peut-on concevoir qu'un organe si petit puisse embrasser d'un seul trait des espaces aussi vastes?

Peut-on comprendre qu'un simple regard, conduit par l'intelligence, puisse diriger avec tant de jus-

tesse et de précision les opérations les plus délicates? qu'une lentille comme le cristallin soit
munie de petites cordes qui, lorsqu'elles tirent
sur lui, le font recourber comme le bois d'un arc
que l'on tend, et permettent à l'œil de voir de plus
près ?

Admirons maintenant l'œil en lui-même, ce
globe réfléchissant toute clarté, toute image, re-
posant moelleusement sur un doux lit de graisse.
Des muscles spéciaux le meuvent en tout sens. Les
sourcils arrêtent la sueur. Les paupières, où se
tiennent toujours sous les armes une centaine de
gardes qui en défendent l'entrée, s'ouvrent ou se
ferment au moindre désir, absolument comme le
feraient les portes d'un palais enchanté. L'œil, grâce
aux cils et aux paupières, reste maître chez lui,
maître absolu.

Tous les organes concourent donc à ce merveilleux acte : *la vision*.

La rétine surtout, dont le rayonnement nous permet de juger ce qui se passe à gauche, à droite,
au-dessus et au-dessous de l'œil, et les nerfs, qui
donnent la vie à tout cet ensemble, sont si puissants
que, soit par l'effet d'un choc ou d'une pression sur
l'œil, nous pouvons voir intérieurement trente-six

chandelles, comme on dit, ou mille sortes d'effets de lumière.

On dit même que, certaines influences excitant le cerveau, nous éprouvons des sensations lumineuses, même quand l'œil n'existe plus, parce que les nerfs, primitivement appelés à y jouer un rôle, président encore à la pièce qui se donne.

Et les larmes! N'ont-elles pas été prévues, créées d'avance, pour ainsi dire? Elles ont leurs coins, elles ont leur place bien marquée.

Qu'un chagrin nous prenne, qu'un rhume de cerveau veuille descendre, les pauvres larmes seront toujours prêtes à se répandre!

Je n'en finirais pas, mes enfants, si j'allais au fond de toutes ces merveilles. Non, je n'en finirais pas.

Et quand je ne terminerais cette causerie qu'en admirant avec vous ce regard qui nous permet souvent de lire dans l'âme de celui qui nous parle, ce regard qui peut saisir les innombrables nuances des couleurs, suivre les allures d'un insecte microscopique ou s'élever jusqu'aux étoiles, j'aurais déjà écrit quelque chose de bon.

L'OUIE

Parlons de l'ouïe, mes chers enfants, parlons de ces petits organes placés à droite et à gauche de la tête comme deux gracieuses sentinelles. Ce sont les oreilles.

Si l'une devient malade, si elle meurt, l'autre la remplacera. Vous en êtes bien sûrs.

En attendant un malheur qu'il ne faut jamais prévoir de trop loin, disons que nous sommes bien contents quand le léger tintement de la clochette annonce à notre appétit l'heure du repas.

Parlons de l'émotion que doit éprouver le voyageur ou le soldat, lorsque, après une longue absence, ils entendent la cloche de leur village.

Le sens de l'ouïe nous offre des jouissances sans nombre. Sans doute on lit, on écrit, on travaille, on mange, on aspire de suaves émanations. Tout cela est déjà admirable, mais nous avons absolument besoin d'entendre le rire d'un enfant, la voix d'un père, celle d'un ami.

L'ouïe nous met en communication avec l'âme humaine. Sans elle, l'intimité, ce bonheur suprême, n'existerait presque plus.

Quoi donc remplacerait ce tressaillement d'une mère au premier cri de son nouveau-né, aux premiers bégayements de cet enfant chéri?

Quel charme comparable à celui que subit l'exilé, lorsque la voix, l'accent d'un compatriote vient frapper son oreille?

Je ne dis rien du plaisir extrême que nous ressentons à écouter une divine mélodie.

Je passe sous silence ces grands mouvements de l'âme, ces douces émotions de cœur que nous fait éprouver l'éloquence de la chaire, de la tribune ou du théâtre.

Qui ne les a ressentis?

Sachez donc jouir, dès à présent, de toutes ces joies que Dieu vous offre, sachez en garder le souvenir. Je voudrais bien, mes enfants, vous expliquer le plus clairement possible la construction de l'oreille; il me semble que cela ne manque pas d'intérêt. Mais quelle complication!

Je vous ai appris, je crois, qu'il y a dans l'air, comme dans l'eau, des ondes.

Celles qui par leur bruit frappent nos oreilles sont les *ondes sonores.*

Elles sont plus rapides dans l'eau que dans l'air, et font plus de tapage dans l'air chaud que dans l'air froid.

Vous savez aussi, je pense, la différence qu'il y a entre le *bruit* et le *son ?*

Le premier est le produit de l'air frappé *d'un seul coup,* soit par des éléments, soit par des corps qui se rencontrent.

Le second frappe l'air *doucement, également, soutenu dans sa durée et dans sa force.*

La *vibration* n'est qu'une sorte d'ondulation rapide et successive du son.

Arrivons à l'*oreille,* dont tout le monde connaît le *pavillon,* l'*ourlet,* la *conque* et le *lobule* qui la termine, lobule qui a le mérite, au reste, de n'exister que chez l'homme.

Quant aux femmes qui jouissent du même honneur, j'ai remarqué qu'elles font plus de cas des jolis bijoux qu'elles y attachent que du lobule lui-même. Cette oreille extérieure a l'avantage de contribuer, pour sa part, à recueillir les *ondes sonores* et à les porter dans l'*appareil auditif.* C'est ainsi qu'on appelle l'intérieur de l'oreille.

Vous connaissez aussi ce conduit, où, quand il vous démange, vous portez si vivement le petit doigt.

Ce conduit, assez détourné, est garni d'un léger duvet placé là pour garantir l'oreille de la poussière

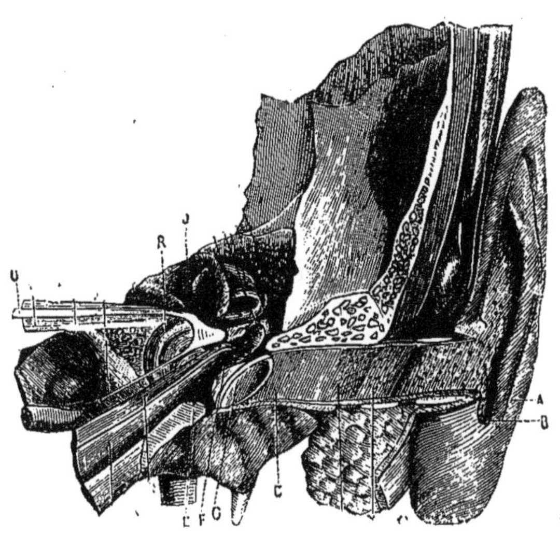

A, pavillon de l'oreille; B, conque; C, conduit auriculaire; E, trompe d'Eustache; F, caisse; G, tympan; J, vestibule; R, limaçon; U, nerf acoustique.

ou des insectes qui voudraient s'y loger, comme les cils garantissent les yeux. Ne trouvez-vous pas cela bien ingénieux?

Suivez-moi bien maintenant.

Quand l'air ébranlé par un seul bruit ou par des ondes pénètre dans l'oreille, il y rencontre d'abord le *tympan*.

Le *tympan* est une peau fine, élastique et assez tendue pour qu'on l'ait nommé le *tambour de l'oreille*.

Derrière lui est une *caisse* creusée dans un os, l'*os du rocher*. Cet os a un tuyau conduisant au *pharynx* et qui amène continuellement de l'air vers le tympan.

Ce tuyau, c'est la *trompe d'Eustache;* son devoir est aussi de décharger l'oreille de ses mucosités.

Dans la *caisse* dont je viens de parler est une chaîne de trois petits osselets : le *marteau*, l'*enclume* et l'*étrier*, et chacun d'eux possède un muscle spécial.

Le *marteau*, par son manche ou son muscle, s'attache au *tympan*.

L'*étrier*, par sa base, s'appuie contre une fenêtre fermée par une membrane.

Or, cette chaîne d'osselets a pour mission de tendre ou de distendre à volonté cette membrane et celle du *tympan* afin de bien régler le bruit qui y parvient.

Plus loin, rapprochés du cerveau, se trouvent,

dans un vrai labyrinthe, deux nouveaux organes :
le *vestibule*, cavité très-irrégulière, et le *limaçon*,
partie osseuse, ayant un peu la forme du mollusque
qui porte ce nom. Quelques canaux se trouvent près
d'eux.

Le tout nage dans un liquide aqueux où baignent

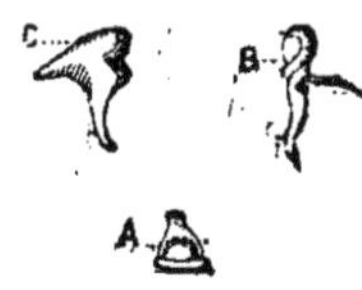

OSSELETS DE L'OUÏE.

A, étrier; B, marteau; C, enclume.

aussi de petits sacs membraneux remplis eux-
mêmes d'une liqueur un peu épaisse; c'est dans
cette liqueur que séjournent les fils nerveux.

Donc, l'onde sonore, après avoir frappé le *tympan*, est transmise dans la *caisse* remplie d'air;
puis, au moyen de la chaîne des osselets, elle va
ébranler la fenêtre; aussitôt la membrane qui la
ferme se met à vibrer. En vibrant, elle agite le
liquide aqueux où elle est plongée, et ce liquide, à
son tour, s'empresse de remuer les petits sacs membraneux où l'extrémité des nerfs reçoit l'impres-

sion et la transmet au *nerf acoustique,* qui d'un bond la porte au cerveau.

Et la sensation est perçue! Et tous ces mécanismes agissent en même temps : ô merveille !

Dieu a jugé le sens de l'ouïe si nécessaire, qu'il en a rendu la perte très-difficile.

L'oreille est-elle coupée, le tympan déchiré, les canaux sont-ils anéantis, le marteau est-il perdu, vous pourriez entendre encore, confusément sans doute, et non sans quelque douleur, mais enfin vous entendriez.

Il n'y a que le *vestibule* qui doit rester intact, parce qu'il sert à l'impression du *nerf auditif* ou maître nerf.

Mais que diriez-vous encore si je vous parlais de la découverte qu'ont faite récemment les savants? Ils ont trouvé dans ces petits sacs membraneux dont je viens de vous parler comme des milliers de petits crins fermes, élastiques et d'une délicatesse incomparable.

Ces petits organes sont chargés de nous faire entendre chaque degré, chaque nuance des vibrations qu'ils perçoivent.

N'est-ce pas toujours l'infini?

Soyez donc émerveillés, et gardez bien vos

oreilles. Mais, venez-vous à en perdre une, bé-
nissez Dieu, l'autre vous suffira, et celle que vous
aurez perdue vous garantira à l'occasion des bruits
fâcheux que vous voudrez éviter.

Si, l'âge arrivant, le sens de l'ouïe vient à vous
manquer tout à fait, dame! faites-vous par la pa-
tience une vertu de cette privation. Dieu, qui a
pensé à tout, a mis dans votre cerveau la mémoire
des sens; chantez en vous-mêmes les jolies ro-
mances que vous aurez apprises par cœur; repassez
en votre esprit, si vous les avez entendues, les
passages des divines symphonies que Beethoven,
devenu sourd à l'âge de quarante ans, trouva le
moyen de composer pour sa gloire et notre plaisir.

Non, mes enfants, il n'est pas de situations fâcheuses, il n'en est pas de tristes, dont une âme
bien douée ne sache tirer quelque parti. Voilà ma
vraie profession de foi.

LE GOUT

Ah! mes chers enfants, nous allons enfin aborder
le goût, le souverain maître de ce royaume de la
gourmandise qu'il faut connaître un peu sans le
visiter trop souvent, ce sens qui nous permet de
discerner les saveurs. Mangez donc sans savoir ce
que vous mangez! sans y trouver le plaisir que Dieu
y a attaché!

Voyez le beau jeu qu'auraient les cuisinières, si
elles pensaient que vous n'avez pas conscience de
ce que vous vous mettez sous la dent!

Avec quelle superbe indifférence elles saleraient
trop ou trop peu leurs ragoûts! Elles y mettraient
bien de la mine, mais voilà tout. Dieu sait ce qu'il
y aurait dedans! sans compter qu'il serait furieusement insipide de faire travailler notre langue sans
y trouver le moindre attrait!

Et notre estomac, donc! croyez-vous qu'il serait
content si les mets qu'on lui apporte ne valaient

rien? Et n'a-t-il pas aussi son goût à lui, ses exigences même!

Oui, remerciez Dieu de vous avoir donné le sens du goût qui vous permet de déguster un rôti succulent, des légumes savoureux et ces petites friandises qui viennent au dessert vous rendre leurs hommages.

N'observez-vous pas que le sens du goût est celui qui disparaît le dernier, et pour cause? car c'est le dernier plaisir qu'éprouvent les vieillards. Aussi sont-ils bien excusables d'être gourmands! on ne craint plus qu'ils en prennent l'habitude. Et d'ailleurs!...

La cuisine est donc une science, et, dans la chimie, c'est bien certainement la plus importante.

Cependant, il faut être sage, accepter sans humeur un plat manqué ou l'absence d'un mets désiré.

La sagesse est de se réjouir quand ce qu'on mange est bon, et de se résigner très-vite quand, par hasard, ce qu'on mange est mauvais.

Ce que je déplore, c'est l'extrême perfection cherchée dans l'art culinaire. Que de mélanges! que d'assaisonnements divers! que de combinaisons! C'est à y perdre le peu de latin qu'on sait.

Et ne croyez pas que ce soit uniquement pour satisfaire le goût, qui s'use vite par les excès, que ce soit seulement pour mériter l'honneur du cordon bleu! Non.

C'est pour exciter l'appétit, et nous inviter à manger beaucoup plus que nous ne devons.

Pauvre et cher estomac! chargé outre mesure, il a beau faire entendre ses doléances, on lui répond par une baliverne.

Aussi, les maladies viennent-elles au galop. Les gastralgies, les gastrites et tout ce qui s'ensuit.

Vous savez encore trop bien ce qui se passe quand on boit plus de vin qu'il ne faut. Vous avez vu des hommes ivres tomber dans la boue, et n'avoir pas même la force de se relever.

Ah! si les ivrognes pouvaient perdre le goût du vin! et si au bord de leurs lèvres il pouvait se changer subitement en eau! Ce n'est pas moi qui y porterais remède.

Quel délicieux miracle! Et comme il se ferait à propos par le temps qui court!

Le vin, si généreux, si réparateur! le voir, au cerveau d'un misérable, rouler dans un ruisseau!

Cela me remet en mémoire une assez drôle de coutume qui avait cours en province. Au sortir d'un

de ces copieux repas dont on n'a pas d'exemple à
Paris, la plupart des convives, ivres presque tous,
étaient placés sur une voiture ouverte. Sur chacun
d'eux, on cousait une étiquette portant son nom et
son domicile. Le plus vaillant de la troupe était
chargé de les reconduire chez eux. Il en tombait
bien quelques-uns en chemin, mais on ne s'en
apercevait pas.

On a calculé que sur trois hommes aliénés, deux
l'étaient par excès d'ivresse.

Et tant est fort l'empire de l'habitude, que
rien, pas même la peur, ne corrige un ivrogne!

Ah! qu'on devrait bien commander de bonne
heure à son goût et le forcer, sauf refus de l'estomac, à trouver tout aliment convenable, à ne boire
de vin que ce qui est nécessaire!

Je me souviens d'avoir un jour voulu *absolument*
aimer des oignons que, d'ordinaire et sans en connaître la cause, je ne pouvais pas souffrir. J'appelai
à moi le courage et l'imagination, et j'éprouvai en
les goûtant un singulier plaisir, un plaisir tout arti-
ficiel; je n'en demandai pas davantage, et, depuis
ce jour, si je ne souris pas devant un plat d'oignons,

du moins je ne lui fais pas la grimace. C'est toujours autant de gagné.

Ce qu'il y a encore d'admirable dans le sens du
goût, c'est le souvenir des choses bonnes ou mauvaises que nous avons mangées.

Je me souviendrai sans cesse des excellentes tar-
tines de beurre et de cette crème délicieuse dont
moi, petite fille, je me nourrissais à Amsterdam.

Quel beurre! quelle crème!

Je me souviens encore de ce paon magnifique
bourré de truffes que, dans son ostentation, un
vaniteux enrichi servit à votre grand-papa. J'assis-
tais à cet illustre diner.

Hélas! le pauvre homme paya cher la vanité de
sa table; car, de ruine en ruine, le paon se trans-
forma bientôt en canard; et encore!

Et les truffes? Les truffes devinrent des corni-
chons.

Il est donc bien convenu que le goût est cette
faculté qui nous dirige dans le choix de nos aliments, que la langue en est le siége principal, que
c'est par sa mobilité, par son humidité, surtout par
toutes les petites éminences qu'elle porte sur son
dos, et qu'on appelle des *papilles,* que le sens du
goût se développe.

Dans ce sens-là, voyez-vous, le maître se nomme le *nerf lingual*. Il reçoit l'impression des filets nerveux qui ont pénétré dans les organes, et puisque tous les nerfs doivent se rendre au cerveau, celui-ci n'y fait pas défaut. Il l'avertit, et c'est alors que se produit la sensation, comme toutes les autres.

N'est-ce pas en pensant à toutes ces choses, mes enfants, qu'il faut bénir Dieu? car toutes ces choses sont superbes !

L'ODORAT

Il faut convenir avec humilité, mes enfants, que le sens de l'odorat est bien plus développé chez le chien que chez nous. Mais peut-il jouir de ces fraîches émanations du printemps? de ces tièdes bouffées d'air pleines de senteur? Peut-il apprécier ces bouquets de parfums que nous envoient les plantes après une douce pluie d'été, et cette bonne odeur de foin au lendemain de la fenaison?

Qu'est-ce qu'une odeur? C'est une fine parcelle de substance qui flotte dans l'air.

Nos narines, qui reçoivent cet air, sécrètent toujours, comme vous savez, une espèce de *mucus* qui mouille ces parcelles et en imprègne une membrane qu'on appelle *pituitaire*, dans laquelle se logent précisément les extrémités du *nerf olfactif*, ce nerf préposé au sens de l'odorat.

Vous devinez bien que dès que ce nerf-là a recueilli les impressions d'une odeur quelconque, il va tout de suite la communiquer au cerveau. Et la sensation en est perçue.

Vraie sentinelle du goût, l'odorat nous avertit encore de la présence d'un ami ou d'un ennemi de l'estomac.

Prenez garde! dit-il, il y a ici près une chair gâtée. N'y goûtez pas!

Ou bien, dit-il encore, ne sentez-vous pas le fumet d'un excellent rôti? n'avez-vous pas deviné le voisinage d'un panier de fraises? Allez, n'ayez pas peur! Mangez gaiement.

Aussi, je ne m'étonne pas que la nature ait placé le nez où il est; car, outre la mission qu'il a, quand l'air veut s'échapper des poumons, d'ouvrir sa porte lorsque la bouche ne veut pas ouvrir la sienne, il a encore celle de ne laisser entrer cet air qu'en le déchargeant des poussières qu'il porte souvent avec lui.

Voyez avec quelle diversité, quelle sûreté de perception nous nous approchons d'une rose, d'un lis, d'une violette. Le nez ne se trompe jamais.

Sans parler du rapport qu'ont de certaines fleurs avec le goût, comme la vanille, l'héliotrope, etc.

Ne trouvez-vous pas aussi extraordinaire que quelques plantes ne soient odorantes que la nuit?

D'autres ne livrent leurs parfums que par le frottement; tels sont la menthe, l'arbre de Sainte-Lucie
et la citronnelle.

Il est enfin des minéraux qui exhalent aussi des
odeurs sans diminuer sensiblement de volume.

On dit qu'un grain d'ambre peut mettre quarante ans à se volatiliser.

Ce qui est encore à remarquer, c'est que l'odeur
qui émane d'un insecte ou d'un animal quelconque
est toujours désagréable. Qui n'a su connaître celle
de la hideuse punaise? celle de la musaraigne qui
répugne même aux chats? etc.

Certainement il y a des airs empestés; c'est,
comme à toute bonne chose, le revers de la mé-
daille. On doit se soumettre. Si donc par malheur
vous perdiez le sens de l'odorat, consolez-vous en
songeant à tous les mauvais airs que cette absence
d'odorat vous évitera.

En attendant l'heure de la résignation, si elle
doit arriver, venez dîner. Les portes de la cuisine
viennent de s'ouvrir, et je ne sais quel agréable
mélange d'aromes nous dit que nous allons faire
un excellent repas.

SPHÈRES SPIRITUELLES

L'ESPRIT, L'INTELLIGENCE, L'AME, LA CHARITÉ

L'ESPRIT

. . . . Ce n'est pas sur l'habit
Que la diversité me plaît, c'est dans l'esprit.
L'une fournit toujours des choses agréables ;
L'autre en moins d'un moment lasse les regardants.
                              LA FONTAINE.

Mes enfants, vous avez déjà dû vous apercevoir qu'un homme d'esprit n'est pas toujours fort intelligent, et qu'un homme intelligent peut n'être pas toujours ce qu'on appelle un homme d'esprit.

Mais si l'esprit a son mérite quand il est de bonne qualité, il est furieusement dangereux quand il est mauvais.

Que de livres, bien écrits, sont remplis de funestes doctrines ! que de romans spirituels ont perverti le jugement, non pas de quelques-uns, mais de tout un pays !

Savez-vous seulement ce que c'est que l'esprit ?

C'est une manière de penser, de dire ou d'écrire les choses avec un certain agrément, une certaine finesse et délicatesse qui charme, ou de les présenter en les assaisonnant d'un peu de sel qui leur donne du goût, de la saveur et du piquant.

Il y a toutes sortes d'esprits, comme il y a des habits de toutes les couleurs, et des ragoûts de toutes les façons.

L'un sera triste, lourd et semblable à la porte d'une prison; l'autre sera vif et léger comme un papillon.

Un troisième sera méchant et pointu à l'égal d'une aiguille; tandis que l'esprit de son voisin sera doux et bienveillant.

On pourrait classer ainsi les différentes sortes d'esprit :

Le *bel esprit, l'esprit fort* et l'*esprit simple*.

Le premier consiste uniquement dans la recherche affectée du langage, dans celle des mots brillants, dans un désir immodéré de se faire écouter.

Le second, qui ne peut naître que dans un cerveau étroit, est, en général, dénué d'élévation.

Au lieu de douter modestement de ce qu'il ignore, il affirme ou nie également ce qu'il ne comprend pas, ce qu'il ne pourra jamais comprendre.

La grande différence qu'il y a entre l'*esprit fort* et l'*esprit qui est fort,* c'est que celui-ci étudie, observe, pénètre une question et ne l'offre au

monde que lorsqu'elle a atteint le plus haut degré
de force et de vérité possible.

Mais l'*esprit simple !* Ah! voilà un de ceux que
je préfère.

Ne pensez pas, toutefois, que les personnes dé-
pourvues de tout esprit brillant soient des personnes
stupides; elles ont souvent beaucoup de tact; et
quand elles ont cette adorable faculté, vous trouvez
dans leur commerce du goût, de la mesure, de la
bienséance. Leur parole n'étincelle pas; mais quel
aimable naturel préside à ce qu'elles disent!

C'est bien de ces personnes-là que le Christ
disait :

« Bienheureux les pauvres d'esprit! » c'est-à-dire
ceux qui sont simples et qui ont le cœur pur.

Aussi, voyez ce qu'on appelle un sot; il ne vaut
même pas la peine d'être classé, car c'est le plus
fâcheux, le plus détestable des esprits, celui qui
couvre d'un manteau d'amour-propre sa pauvre
infériorité. Aussi n'est-il ni simple, ni haut, ni
grand, ni bon, parce qu'il est pétri d'un orgueil,
sous lequel il n'y a rien.

Qu'en sort-il le plus souvent?

Du vent!

J'en demande pardon à plusieurs de mes amis

qui sont très-spirituels ; je troquerais tout l'esprit du monde contre le *bon sens*.

Celui-là fait prendre sans effort l'esprit de son âge et celui de son état.

N'est-ce pas encore le bon sens qui règle la vie et l'ordonne?

N'est-ce pas lui qui met les choses à la distance voulue et à leur valeur, qui sait tirer de tout objet et de tout événement le meilleur fruit?

Ah! mes enfants, aimez l'esprit; mais estimez le bon sens... car c'est par lui que les relations sont douces et sûres; et, s'il faut convenir qu'avec les gens d'esprit on visite parfois très-agréablement les étoiles, avec les personnes simples et de bon sens, on marche plus solidement sur la terre.

INTELLIGENCE

L'intelligence de l'homme est auss
vaste que les mondes, puisqu'elle les
admet, les devine et les mesure.

Mes chers enfants, remerciez Dieu de vous avoir donné l'intelligence.

Bien supérieure à l'esprit, elle peut élever l'homme jusqu'au génie, elle l'élève jusqu'à son Créateur.

Comme une étoile divine, une haute intelligence resplendit aux fronts des grands philosophes, des grands artistes et des savants dont les découvertes ont contribué au bonheur de l'humanité.

Quant à nous, soyons satisfaits de celle que Dieu nous a donnée, quelle qu'elle soit.

Exerçons-la dans toutes les occupations de la vie, même les plus serviles. Observons et recueillons à notre profit ce qui se passe autour de nous.

Cherchons les bons conseils, mettons-nous à l'ombre des intelligences supérieures; mais si nous sommes condamnés à vivre avec des sots ou des esprits de travers, faisons de nécessité vertu.

Quelques bossus ont la maladresse d'oublier leur bosse; ils ont le tort de dresser la tête le plus haut qu'ils peuvent.

Il en est de même du borgne et du manchot.

A les voir, du moins, on sait à quoi s'en tenir; leurs infirmités sautent aux yeux.

Mais qui nous instruira d'une intelligence boiteuse, d'une intelligence bornée, de celle que rien n'annonce, pas même une petite marque au front?

Que de temps perdu en sa compagnie!

Sans doute, on ne voit encore sur les bancs d'un collége ni chiens, ni chats, ni chevaux.

Cela viendra peut-être un jour; car on y voit déjà beaucoup d'ânes.

Mais si les bêtes parlaient! combien elles l'emporteraient sur nous, sinon en intelligence, du moins en bon sens et en fidélité!

Les bêtes souffrent de la faim qui les rend cruelles; mais connaissent-elles les guerres d'État et de religion, au nom desquelles nous nous égorgeons? connaissent-elles l'orgueil, la fourberie, etc.?

Ah! disait un jour votre bon grand-papa, en

suivant de l'œil les faits et gestes de deux petites chiennes qu'il aimait, il faut, à les voir si
caressantes, si intelligentes, que la Providence
les ait formées des meilleures rognures d'âmes
humaines.

Ce que je ne puis pas m'expliquer, c'est que
notre cher la Fontaine, tout en accordant facilement
de l'esprit aux bêtes, en ait si peu donné au chien.

Il vante la prudence du renard, la douceur de la
perdrix, la prévoyance de l'alouette, l'habileté du
rat, du castor; et dans le chien il ne nous montre
que bassesse, sottise et fanfaronnade.

Dans une de ses fables il dira qu'il est trop bête
pour garder un trésor; dans une autre, qu'il lâche
trop aisément la proie pour l'ombre.

Dans celle du *Loup et le Chien,* il fait pérorer
ce dernier sur les douceurs de l'esclavage.

Et dans celle intitulée : *les Deux Chiens et l'Ane
mort,* il ose dire que le chien est sot, qu'il est
gourmand; et, joignant l'exemple à son dire, il
raconte que deux chiens, se trouvant au bord de la
mer, virent au loin flotter le cadavre d'un âne, et
que voulant en faire festin, ils proposèrent, pour y
atteindre, de boire toute l'étendue d'eau salée.

Ce qu'ils essayèrent, dit le fabuliste, jusqu'à en crever.

Ne voilà-t-il pas, par de l'invraisemblable, flétrir ces bons chiens, de parti pris? Il est certain, au contraire, qu'il y a chez eux de vagues pensées, des ébauches de raisonnement : ils se souviennent, ils comparent. Dans un cas imprévu ils prendront une détermination nouvelle, ils modifieront leurs allures; ils aimeront jusqu'à mourir. Combien n'ont pu survivre à la mort de leurs maîtres! combien ont été sur une tombe rendre le dernier soupir auprès de celui qu'ils avaient aimé et perdu !

Je conviens qu'ils ne seraient pas capables d'apprécier une œuvre d'art, de juger et de sentir l'harmonie des sons; mais là encore leur bonne foi, leur naïveté me touchent.

Prenez un chien et un sot.

Mettez-les tous les deux devant un beau tableau, chantez à leurs oreilles une douce mélodie.

Serviteur de tout mon cœur, dira le chien, je ne comprends pas tout cela; vous me faites mal aux nerfs.

Mais observez la prétention et l'incapacité écrites sur la figure du sot, et dites-moi si le chien ne l'emporte pas sur lui.

Oui, mes enfants, je garde pour les chiens, pour ma fidèle Cora en particulier, non-seulement de l'affection, mais encore une sorte de considération, et je répéterais volontiers, avec une personne d'esprit, que ce qu'il y a de meilleur dans l'homme, c'est le chien.

AME

Oui, Platon, tu dis vrai, notre âme est immortelle;
C'est un Dieu qui lui parle, un Dieu qui vit en elle;
Et d'où viendrait, sans lui, ce grand pressentiment,
Ce dégoût des faux biens, cette horreur du néant?

Il est peut-être un peu difficile, mes bons enfants, de vous expliquer clairement ce que c'est que l'âme, et en quoi elle diffère de l'intelligence et de l'esprit;

Mais ce sera déjà beaucoup que de pouvoir dire, non pas avec une formule philosophique, mais avec la mienne, qui est très-simple :

Que l'âme est une flamme invisible qui se manifeste en nous par l'amour qui vient de Dieu et par l'amour que nous lui portons.

C'est elle qui établit entre Dieu et sa créature un commerce si doux qu'il n'en est pas de meilleur au monde.

C'est elle qui rallume notre courage quand il est

près de s'éteindre, qui soutient notre pensée quand de tristes vents passent sur elle.

C'est elle qui, pour une cause sainte, fait braver la mort et les supplices, sans autre ambition que de trouver au ciel une justice qui manque trop souvent sur la terre; c'est elle enfin qui nous console si puissamment de l'injustice et de l'ingratitude.

Oui, c'est bien elle, c'est elle seule qui a le pouvoir d'inspirer les plus grandes vertus et les plus absolus dévouements.

Vous voyez que l'âme est la plus merveilleuse chose qui soit au monde.

Et pourtant!

Combien de gens s'avisent de compter leurs écus ou la quantité de leurs cheveux blancs, et ne s'inquiètent pas seulement de savoir s'ils ont une âme!

Excepté ces indifférents, qui donc ne se sentirait ému d'en posséder une? qui donc ne serait fier d'être appelé l'enfant du bon Dieu?

Mais cette âme n'est pas toujours parfaite; le Créateur ne l'a pas voulu; elle a des qualités et des défauts.

Il y a des âmes hautes, il y en a de basses; il y en a de belles, de laides; il y en a même de si

faibles qu'elles s'abandonnent aisément et se dégradent au moindre souffle.

Mais celle qui ne perd pas de vue son origine
s'épure en se fortifiant par l'exercice du bien, par
l'habitude des bonnes lectures, par la fréquentation
des gens sages.

Quand le corps est descendu, où donc va l'âme?
Elle monte... elle monte!

Et quand nous sommes malheureux, quand nous
sommes obligés de subir une vie tourmentée, une
vie tout à l'inverse de nos inclinations; quand toutes
nos affections s'éloignent de la terre ou sont brisées,

Quoi donc nous console et nous soutient, si ce
n'est la pensée du ciel?

Quoi donc, sur les yeux éteints d'un ami, nous
fait pressentir l'immortalité? Ce seul pressentiment
ne doit-il pas être une certitude? Dieu, puissant
et juste, aurait-il créé des désirs inutiles, des aspirations sans but, des besoins d'aimer par delà ce
monde, si par delà ce monde il n'y avait rien!...

Oui, mes enfants, tout en vous occupant de vos
affaires, songez souvent au ciel où sont les vrais
trésors, ceux que la rouille ne détruit pas, ceux que
les voleurs ou les *ennemis* n'emportent pas.

Soyez justes, laborieux; habituez-vous de bonne

heure à ne pas regarder comme ennuyeux ce qui est nécessaire.

C'est le vrai moyen d'être en règle avec ses devoirs que d'y mettre son cœur et d'y prendre intérêt.

Évitez à tout prix les remords tardifs; faites en sorte que ceux qui vous quittent. n'emportent de vous dans la tombe qu'un bon souvenir. Jamais on ne guérit de cette tristesse-là, jamais on ne s'en console.

Et vous sentirez la présence de votre âme! Et cette présence vous remplira de joie.

CHARITÉ

Gardons jusqu'à la dernière heure
Cette éternelle vérité,
Que l'indulgente charité
Est le seul bien qui nous demeure,
Le seul durable et précieux
Dont un jour Dieu nous tienne compte,
La seule richesse qui monte
Avec notre âme dans les cieux.

J. BARBIER.

Oui, mes enfants, comme le dit si bien votre père, gardons jusqu'à la dernière heure cette éternelle richesse. Gardons la charité dans laquelle la plupart de nos croyances religieuses sont contenues.

Ce besoin que Dieu nous a donné de l'aimer ne donne-t-il pas la foi, c'est-à-dire la certitude qu'il est?

Si Dieu n'existait pas, a dit un écrivain plein de sens, il faudrait l'inventer, et puisqu'il existe, il doit être infiniment bon et juste, quoique sa bonté et sa justice ne soient pas toujours apparentes et ne tombent pas toujours sous nos sens.

Dans le monde circulent des gens qui ne croient pas en Dieu parce que sa justice ne leur apparaît pas sensible sur la terre.

D'autres, plus humbles, en doutent. Ceux-là sont des *sceptiques*.

Il y a aussi les matérialistes ; ces esprits croient un peu en la divinité ; mais toujours occupés des choses de la terre, ils deviennent bientôt, comme elle, toute matière.

L'athée, le sceptique, le matérialiste, peuvent n'être point méchants. Mais ils sont, en général, secs, frondeurs, égoïstes.

Où trouveraient-ils cette suprême bonté qui ne vient que de Dieu?

Écoutez-les, lisez leurs livres, il pourra vous en rester beaucoup de science dans l'esprit, mais, à coup sûr, beaucoup de désanchantement au cœur.

Quand on ne parle qu'au néant, qu'est-ce que le néant peut répondre?

C'est, mes enfants, que celui qui n'aime pas Dieu n'a pas la charité qui y mène, n'a pas l'amour qui en revient; que celui-là aura l'orgueil qui gâte et compromet tout.

Il y a encore des gens qui ont appris qu'il y avait un *Être suprême,* qui le répètent, qui se disent chrétiens, parce qu'ils accomplissent *uniquement* et *scrupuleusement* leurs devoirs religieux.

La religion, qui devrait être un commerce intime

et continuel avec Dieu, devient chez eux une habitude routinière où l'âme a peu de part.

Combien de femmes, rongées d'ambition ou de jalousie, se disent religieuses !

Combien d'autres, toutes vaniteuses et sensuelles, n'acceptent une privation ou un jeûne qu'en murmurant ! Quelques-unes sauront répandre une aumône, mais le cœur n'y sera pour rien. Elles auront accompli un devoir.

Je passe sous silence ces indifférents qui, hors du cercle de leur famille, ne s'intéressent jamais sérieusement aux malheurs d'autrui.

Dans tous ces exemples, il n'y a point d'hypocrisie, il y a absence de charité ; car il ne suffit pas de ne point faire de mal ; il ne suffit pas d'avoir des accès de compassion ou de répandre des larmes à la lecture d'un roman ; il faudrait reculer de tristesse et de pitié devant la vue d'un gibet plutôt que d'y courir.

La vraie charité consiste à agir avec discernement dans le bien sur toutes choses ; soyons donc bons et indulgents ; rendons heureux ceux avec lesquels nous vivons.

Améliorons-les autant que leur âge, le caractère ou la qualité de leur esprit le rendent possible.

Apprenons à renoncer à nous-mêmes au profit de notre prochain.

Renoncement terrible pour les gens du monde, mais dont la pratique, devenue habitude, devient si douce.

Si l'on savait que le vrai bonheur en découle! Si l'on savait que le calme et le bien-être peuvent en sortir !

Et, après tout, qu'est-ce que ce renoncement?

Vaincre l'excès de son amour-propre, le plus sot des amours.

Vaincre l'importance excessive qu'on attache à des riens, et la recherche trop vive de ses plaisirs ou de ses aises.

Vaincre enfin cette superbe sévérité qu'on porte à son prochain, et cette aimable indulgence qu'on garde pour soi.

Voilà les penchants qui détruisent en nous la charité. Car elle doit être si pure que, sans fausse modestie, nous devons faire en sorte que nos bonnes actions passent inaperçues.

Donnez donc toujours l'exemple de cette charité sincère, non-seulement par des actes de piété extérieure, non-seulement par des aumônes, mais encore et surtout par la volonté ferme de vous perfectionner de jour en jour. Alors, vous sentirez que vous êtes des êtres religieux; que, rois de la terre, vous aurez encore l'honneur, même ici-bas, d'être citoyens du monde spirituel; car, ainsi que l'a dit saint Paul avec une sublime hardiesse, « l'homme est de la race même de Dieu ».

Oui, mes enfants, on ne saurait mieux vivre qu'en cherchant à devenir meilleur, ni plus agréablement qu'en ayant la pleine conscience de son amélioration.

Cette pensée, que toute œuvre sur la terre n'est féconde en bien que lorsqu'elle est inspirée par la charité, source intarissable du bon et du beau moral, terminera cette causerie.

Dans toutes les autres, mes chers enfants, si j'ai réussi à faire naître dans votre cœur l'admiration pour les splendeurs de la nature et les merveilles du bon Dieu, si je vous ai donné du goût pour ces études précieuses, vous ne craindrez plus l'ennui, et, dans la vieillesse même la plus avancée, vous trouverez un charme qui vous fera dire avec moi que :

Aimer Dieu est une grande force; aimer la nature est un grand bonheur.

ÉPILOGUE

LA FONTAINE.

Allez, mes causeries, partez.

Si Dieu les a bénies, elles feront leur chemin, et je m'estimerai heureuse, si le long de la route les quelques bons grains que j'ai semés ont germé et fleuri.

Mais, alors même que ma moisson serait légère, je souhaite que mes exhortations à l'accomplissement du devoir, que ces entretiens, puisés dans l'étude de la nature, puissent seulement trouver de l'écho et faire naître des livres plus complets que le mien!

A coup sûr, je n'ai rien avancé de nouveau; mais dans cette faible esquisse d'éducation morale et religieuse, n'oubliez pas, mes enfants, que je suis une grand'tante un peu rediseuse, et que, pour affronter la publication de ces pages, il m'a fallu croire que parmi elles il s'en trouvait de bonnes, et que vous les liriez avec plaisir.

Allez donc, mes causeries, partez.

Toi, ma bien-aimée Jeannette, toi, mon bon Pierre, lisez-les et gardez-les en souvenir de votre meilleure amie.

N'oubliez pas surtout que, si elles ont quelque valeur, c'est qu'après Dieu c'est vous qui me les avez inspirées.

TABLE DES MATIÈRES

TABLE DES GRAVURES

PARIS. TYPOGRAPHIE DE E. PLON ET Cie, 8, RUE GARANCIÈRE.

www.ingramcontent.com/pod-product-compliance
Ingram Content Group UK Ltd.
Pitfield, Milton Keynes, MK11 3LW, UK
UKHW010910160726
13695UKWH00007B/131